建(构)筑物移位技术
JIAN(GOU)ZHUWU YIWEI JISHU

白云 沈水龙 主编

中国建筑工业出版社

图书在版编目（CIP）数据

建（构）筑物移位技术/白云等主编．—北京：中国建筑工业出版社，2006
 ISBN 7-112-08278-1

Ⅰ．建... Ⅱ．白... Ⅲ．建筑物-整体搬迁
Ⅳ．TU746.4

中国版本图书馆 CIP 数据核字（2006）第 036432 号

建（构）筑物移位技术
白云 沈水龙 主编

*

中国建筑工业出版社出版、发行（北京西郊百万庄）
新 华 书 店 经 销
霸州市顺浩图文科技发展有限公司制版
北京建筑工业印刷厂印刷

*

开本：850×1168 毫米 1/32 印张：7⅛ 字数：190 千字
2006 年 6 月第一版 2006 年 6 月第一次印刷
印数：1—3500 册 定价：19.00 元
ISBN 7-112-08278-1
（14232）

版权所有 翻印必究
如有印装质量问题，可寄本社退换
（邮政编码 100037）
本社网址：http://www.cabp.com.cn
网上书店：http://www.china-building.com.cn

本书是国内外第一本有关建（构）筑物陆地移位技术的专著。本书共分六章：第一章简要介绍了建（构）筑物移位技术的背景、基本原理、国内外的发展历史与较典型的工程实例；第二章介绍了既有建筑物工程移位控制的原理，分析了上海音乐厅的移位工程；第三章介绍了既有桥梁结构的移位控制的原理，深入分析了两个工程实例；第四章介绍了新建桥梁等结构顶推施工技术的原理与工程实例；第五章介绍了新建构筑物移位安装控制技术的方法与工程实例；第六章介绍了地下构筑物纠偏的原理、方法与工程实例。

本书可供建筑工程、市政工程等领域的工程师及相关专业的高校师生、研究生参考。

* * *

责任编辑：王　梅
责任设计：董建平
责任校对：张景秋　孙　爽

前　　言

　　现代土木工程的理念就是可持续发展的理念，土木工程师的任务不仅仅是建造当代人类生存和发展所需要的居住和交通设施，我们还面临着如何保护先辈所留下的建筑文化遗产和既有建（构）筑物。为了迎接这一挑战，既有建（构）筑物的移位技术应运而生。移位技术的产生，使得城市基础设施的建造和建筑文化遗产的保护能够兼顾；同时还为继续有效利用既有的城市基础设施（如桥梁和高架结构），减少新建工程的数量提供了可能；也为恢复已超过允许变形的地下结构物，如深基坑旁大量沉降的地下管线和超沉的沉井结构等，提供了独特的技术手段。

　　建（构）筑物通常重量很大，有的甚至达到万吨以上。建（构）筑物的位置和形状也有很大的差异，既有高耸的地面建（构）筑物，也有长度达数公里以上的桥梁、高架结构和地下管线，更有深埋于地下的钢筋混凝土结构。因此，移动既有建（构）筑物的技术不仅复杂多样，而且还有较大的风险。

　　既有建（构）筑物的移位技术在欧美国家已有100多年的历史，且已开发出了一套完整的技术。该项技术在我国的应用历史较短，有近30年的历史。但是，中国的土木工程师在既有建（构）筑物移位方面进行了大量的实践，取得了令世人瞩目的成就。本书著者试图以专著形式对既有建（构）筑物移位技术作一回顾和总结，以促进既有建（构）筑物移位技术的进一步发展；且对新建建（构）筑物的移位安装技术的原理作了总结。

本书共分六章。第1章简要介绍了建（构）筑物移位技术的背景、基本原理、国内外的发展历史与较典型的工程实例；第2章介绍了既有建（构）筑物工程移位控制的原理，分析了上海音乐厅的移位工程；第3章介绍了既有桥梁结构的移位控制的原理，深入分析了两个工程实例；第4章介绍了新建桥梁等结构顶推施工技术的原理与工程实例；第5章介绍了新建构筑物移位安装控制技术的方法与工程实例；第6章介绍了地下构筑物纠偏的原理、方法与工程实例。

本书的分工如下：第1章由仇圣华博士与白云总工程师撰写；第2章由仇圣华博士撰写；第3章和第4章由姚红英总工程师执笔，该两章的概述部分由沈水龙教授撰写；第5章由吴欣之总工程师、陈晓明博士执笔；第6章由白云总工程师、李向红博士执笔；叶书麟教授审阅了全文。陈英姿、许烨霜、唐翠萍、庞晓明、方育琪、张金辉、李庭平、刘根豪、陈丽萍和梁军梅同志参加了部分文字打印与插图的绘制工作。本书的编写还得到了周文波博士的支持，在此谨向他们致以诚挚的敬意。

本书在编写过程中虽经多次讨论和修改，因既有建（构）筑物移位技术还是一个较新的领域，其理论和技术还有待于进一步提高，加之作者的水平有限，书中难免会有错误和不妥之处，敬请读者批评指正。

目　录

第1章　绪论 …………………………………………………… 1

1.1　建（构）筑物移位控制的背景 ………………………… 1
1.2　建（构）筑物移位控制技术的发展历史与现状 ……… 1
1.2.1　国外建（构）筑物移位控制的典型工程实例 ……… 2
1.2.2　国内建（构）筑物移位控制的典型工程实例 ……… 10
1.3　建（构）筑物移位控制的原理与方法 ………………… 23
1.3.1　建（构）筑物移位的原理 …………………………… 23
1.3.2　建（构）筑物移位的方法 …………………………… 24
1.3.3　计算机控制系统 ……………………………………… 25
参考文献 ……………………………………………………… 28

第2章　房屋建筑移位控制技术 …………………………… 31

2.1　概述 ……………………………………………………… 31
2.2　房屋建筑移位控制的基本步骤 ………………………… 31
2.2.1　房屋建筑的加固 ……………………………………… 32
2.2.2　地基处理 ……………………………………………… 32
2.2.3　房屋建筑移位滑道的设计与施工 …………………… 33
2.2.4　房屋建筑的托换体系 ………………………………… 33
2.2.5　房屋建筑行走装置的建设 …………………………… 34
2.2.6　房屋建筑的移位 ……………………………………… 35
2.3　房屋建筑移位控制技术的优点及应用范围 …………… 35
2.3.1　房屋建筑移位技术的优点 …………………………… 35
2.3.2　房屋建筑移位技术的应用范围 ……………………… 36

- 2.4 工程应用实例——上海音乐厅顶升和移位工程 36
  - 2.4.1 上海音乐厅顶升和移位工程概况 36
  - 2.4.2 上海音乐厅移位路线地基的加固 48
  - 2.4.3 上海音乐厅移位滑道的设计与施工 49
  - 2.4.4 上海音乐厅结构加固 51
  - 2.4.5 上海音乐厅上滑道及托换体系的建立 53
  - 2.4.6 墙与柱的切割 56
  - 2.4.7 上海音乐厅的顶升和移位 56
  - 2.4.8 上海音乐厅顶升移位的控制技术 61
- 参考文献 65

第3章 既有桥梁结构升降控制技术 67

- 3.1 概述 67
- 3.2 升降工艺的设计 68
  - 3.2.1 支撑体系的设计 68
  - 3.2.2 液压体系的设计 71
- 3.3 桥梁整体升降施工 73
  - 3.3.1 桥梁整体升降施工工艺流程 73
  - 3.3.2 升降施工 74
  - 3.3.3 升降施工措施 76
- 3.4 监测体系设计 77
  - 3.4.1 扩大基础沉降观测 77
  - 3.4.2 桥面标高观测 77
  - 3.4.3 盖梁底面标高测量 78
  - 3.4.4 盖梁纵向位移观测 78
  - 3.4.5 伸缩缝间隙观测 79
  - 3.4.6 液压千斤顶行程观测 79
- 3.5 工程应用实例 79
  - 3.5.1 上海吴淞大桥北引桥整体顶升施工 79
  - 3.5.2 上海南北高架与内环线高架的鲁班路立交SE匝道上部结构整体降低施工 84

参考文献 89

第4章 新建桥梁顶推法施工技术 90

4.1 概述 90
4.2 顶推法施工原理 91
4.3 顶推施工的方法 92
  4.3.1 单点顶推 93
  4.3.2 多点顶推 96
4.4 顶推关键技术 98
  4.4.1 制梁台座 98
  4.4.2 导梁 98
  4.4.3 临时墩 99
  4.4.4 滑动装置 100
  4.4.5 顶推施工中的横向导向 100
  4.4.6 顶推动力装置 101
  4.4.7 箱梁起落和支后力调整 102
4.5 工程应用实例——沪闵路高架道路二期工程 2.2标大型钢箱梁整体顶推施工 102
  4.5.1 工程概况 102
  4.5.2 顶推滑移步骤 103

参考文献 108

第5章 构筑物移位安装控制技术 109

5.1 概述 109
5.2 构筑物移位安装技术的优点 111
5.3 构筑物移位安装技术的系统构成 113
  5.3.1 滑道系统 113
  5.3.2 电气系统 113
  5.3.3 液压系统 114
  5.3.4 计算机控制系统 116

5.4 工程应用实例——重庆江北机场航站楼顶推移位
工程 ·· 117
  5.4.1 工程概况 ·· 117
  5.4.2 总体施工技术路线 ··· 119
  5.4.3 施工工艺 ·· 122
  5.4.4 施工监测措施 ··· 126
  5.4.5 承载系统设计 ··· 128
  5.4.6 顶推设备研制 ··· 128
  5.4.7 移位状态下结构计算分析 ··· 130
  5.4.8 三向承力的滑道及滑道梁设计 ·································· 133
  5.4.9 减摩技术与减摩材料优选 ··· 134
  5.4.10 整体顶推中的姿态控制技术 ···································· 135
  5.4.11 整体顶推中的精确定位技术 ···································· 136
  5.4.12 经济效益和社会效益 ·· 137
5.5 工程应用实例——东航双机位机库超大型网架
整体提升工程 ··· 139
  5.5.1 工程概况 ·· 139
  5.5.2 整体提升工艺 ··· 142
  5.5.3 整体提升设备 ··· 144
  5.5.4 辅助监测系统 ··· 146
  5.5.5 系统稳定措施 ··· 146
  5.5.6 风荷载和抗风措施 ··· 147
  5.5.7 网架的安装固定 ·· 149
  5.5.8 指挥通信系统 ··· 149
  5.5.9 经济效益及社会效益 ··· 149

参考文献 ··· 150

第6章 地下结构移位控制技术 ·································· 151

6.1 概述 ·· 151
  6.1.1 地下结构移位的原因和种类 ······································ 151
  6.1.2 地下结构移位控制的方法 ··· 152

6.2 注浆法移位控制技术 ·········· 153
6.2.1 一般注浆法简介 ·········· 153
6.2.2 可控的压密注浆法 ·········· 156
6.2.3 CCG注浆法移位控制和加固原理 ·········· 159
6.2.4 CCG注浆对移位和加固效果的影响因素 ·········· 159
6.2.5 注浆法移位控制技术的应用 ·········· 160

6.3 静压桩法移位控制技术 ·········· 174
6.3.1 静压桩法移位控制技术基本原理 ·········· 174
6.3.2 锚杆静压桩法工艺 ·········· 175
6.3.3 静压桩法移位控制技术的应用 ·········· 175

6.4 掏土法移位控制技术 ·········· 187
6.4.1 掏土法移位控制技术的基本原理 ·········· 187
6.4.2 掏土法移位控制技术的应用 ·········· 188

6.5 湿陷性黄土地基上人工注水法移位控制技术 ·········· 199
6.5.1 人工注水法移位控制技术基本原理 ·········· 199
6.5.2 人工注水法移位控制技术的若干问题 ·········· 200
6.5.3 人工注水法纠偏的适用范围 ·········· 202
6.5.4 人工注水法移位控制技术的应用实例 ·········· 202

6.6 综合法移位控制技术 ·········· 211
6.6.1 综合法移位控制技术概述 ·········· 211
6.6.2 综合法移位控制技术的应用 ·········· 211

参考文献 ·········· 215

第1章 绪 论

1.1 建（构）筑物移位控制的背景

建（构）筑物的移位，狭义地讲是将建（构）筑物从一处移到另一处；广义地讲不仅指水平地点上的移位，而且指建（构）筑物在竖向的移位，包括基础的托换、高程的变化等。本书中的建（构）筑物移位技术指的是后者。所谓移位的建（构）筑物包括建筑物、市政构筑物、桥梁、地下构筑物等。

随着经济的发展，城市建设的不断深入，城市道路交通状况不断改善。旧城的改造、道路和高速公路的拓宽改造，使得既有建筑物或构筑物（桥梁等），面临拆除的威胁。但有些建（构）筑物仍有使用价值，还有一些建（构）筑物具有历史文物的保存价值，如果全部拆除会造成很大的浪费和经济损失。如果对这些建（构）筑物根据周围条件与环境规划的要求，在允许的范围内实施整体移位，使其得以保留，不仅可以节约造价、节省工期、减少建筑垃圾，而且使城市规划更加灵活，从而取得良好的经济效益和社会效益。

1.2 建（构）筑物移位控制技术的发展历史与现状

建（构）筑物移位技术最早从欧美国家开始应用，已有100多年的历史。欧美国家对于有继续使用价值或有文物价值的建筑物,不惜花费重金运用整体平移的方法将其转移到合适位置予以重新利用和保护。另外,发达国家对环境保护要求较高,如果将无用建筑物拆除,必将产生粉尘、噪声以及大量不可再生的建筑垃圾。因此,建筑物的整体平移技术在一些发达国家已发展到相当高的水平,且有许多专业的施工公司承担这一项专业业务[1]。

1.2.1 国外建(构)筑物移位控制的典型工程实例

(1) 在新西兰新普利茅斯市,曾通过采用蒸汽机车作为牵引装置顺利实现了一所一层农宅的平移(图1-1)。该工程被认为是世界上"第一座"建筑物平移工程。

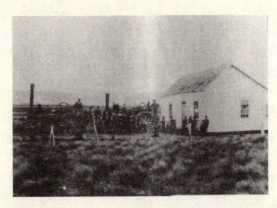

图1-1 新西兰新普利茅斯市一所农宅的平移现场[2]

(2) 1901年,美国依阿华大学通过采用圆木滚轴滚动装置,整体水平移动了重约60000kN、3层高的科学馆(图1-2)。

(3) 1982年,英国伯明翰市的一所会计事务所,通过在该房屋地面下建造225mm厚的钢筋混凝土板,然后用千斤顶将其顶起,放入滚动装置完成了该房屋的迁移[4]。

(4) 1983年,英国兰开夏郡Warrington市,对一座历史悠久的学校建筑,通过使用滚轴作滚动装置,采用卷扬机和钢丝绳做牵引装置,实现了纵向平移15m(图1-3)。

图 1-2 美国依阿华大学科学馆整体平移现场[3]

图 1-3 英国兰开夏郡 Warrington 市一座学校的平移现场[5]

(5) 1998 年,美国的一所豪华别墅,采用一艘特殊的船体作为运输工具,从波卡罗顿迁移到 100 多英里处的皮斯城

图 1-4 美国一所豪华别墅的平移现场[6]

(图 1-4)。

(6) 1999 年 1 月，美国明尼苏达州的 Shubert 剧院，通过在墙下浇筑混凝土墙对建筑物进行加固后，采用自身具有动力装置的平板拖车完成了该建筑物的平移（图 1-5）。

图 1-5 美国明尼苏达州的 Shubert 剧院平移现场[7]

(7) 1999 年 6 月，美国卡罗莱纳州使用液压顶升系统，通过 100 台千斤顶将 Hatteras 角海岸的一座高 61m、重达 44000kN 的灯塔顶高 1.52m；然后，再通过液压千斤顶提供

图 1-6　美国卡罗莱纳州的一座灯塔平移现场[8]

水平牵引力,将该塔平移了 487.7m (图 1-6)。

(8) 1999 年 9 月,丹麦哥本哈根国际机场的扩建工程,将建于 1939 年、长 110m、宽 34m、高 2 层(局部 3 层)的钢筋混凝土框架结构的候机厅经加固后,用金刚石链条锯将该建筑物的框架柱在地面处切断后,用 60 台自推动多轮平板拖车顺利将该候机厅平移了 2500m (图 1-7)。

图 1-7　丹麦哥本哈根飞机场候机厅平移现场[10]

(9) 建于 1941 年的加拿大特朗斯康谷仓（Transcona Grain Elevator），高 31m，宽 23m，其下为筏形基础。因事前不了解其基础下有厚达 16m 的可塑黏土层，贮存谷物后基底平均压力（32kN/m^2）超过了地基的极限承载力，地基失稳倾斜，使该谷仓西侧陷入土中 8.8m，东侧上升 1.5m，仓身倾斜 27°（图 1-8）。由于谷仓整体性很好，没有完全崩塌。利用顶升托换法，即用 388 台 500kN 的千斤顶将谷仓顶起约 8m，又新做了 70 多个混凝土墩支承于岩石上托换了原基础，顺利完成了该谷仓的纠偏。

图 1-8 倾斜的加拿大特朗斯康谷仓[11]

(10) 1137 年 8 月开始建造，约 1370 年完成的意大利比萨斜塔[12]，共 8 层，高 53.3m，重 135000kN（图 1-9）。塔的砖石地基的直径为 19.6m，最大深度 5.5m。塔基向南倾斜，与地面成 84.5°，第 7 层在南面突出 4.5m。其地基有厚达 40m 的高压缩性海相黏土。从 1911 年开始的精确测量结果显示，在 20 世纪期间，塔的倾斜每年都在增加。到 1930 年中期，倾斜率成倍增长。为了防止塔的进一步偏移，曾希望使用灌浆法和从低处的砂石中抽取地下水等地基处理的方法，以及采用土锚和铅重方法等来控制塔的进一步倾斜，都不成功。随后，使用掏土的方法来控制塔倾斜，取得了良好的效果。

图 1-9　意大利比萨斜塔[11]

(11) 法国米劳大桥是当今世界上最高的桥梁，高 343m，其桥面宽 27.35m、长 2460m。该桥梁的下面不是平地，而是法国米劳附近一条深深的山谷，相当于在比东方明珠矮一点的高空建造一段长 2km 的高架道路。在如此高的位置上进行如此大规模的施工建设对人类本身也是一个极大的挑战。在该工程建造过程中一方面使用计算机控制同步顶升系统辅助桥墩建造，将桥墩升高到 77~245m；另一方面采用特殊设计的计算机控制超高压液压平移系统，于 2004 年 5 月，成功地将桥梁总重 360000kN 的钢结构桥面从南北两侧平移就位汇合（图 1-10）。

(12) 第 28 届奥运会雅典奥林匹克体育场位于雅典北部郊区的马鲁希，该体育场的悬浮屋顶由玻璃和金属构成，面积约 1 万 m^2，悬挂于两根高 80m、直径 3.5m、长 304m 的梁柱下面。如何将这巨大的屋顶与梁柱正确就位，是该体育场施工中的一大难点。工程通过两个液压泵站，8 个双作用拉式油缸组

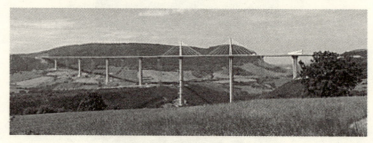

图 1-10 法国米劳大桥[13]

成的两套 PLC 控制滑行导向液压系统，以 85mm/min 的速度将由完全钢结构加固的建筑屋顶及梁柱，沿着镀有聚四氟乙烯的滑道水平移动 70m，精度控制在±2mm，顺利完成了该体育场的施工（图 1-11）。

图 1-11 28 届奥运会雅典奥林匹克体育场建设现场[13]

（13）近期在欧洲北海天然气油田水域，对高 472m、重 1200 万 kN 的钢筋混凝土海上高塔式采油平台，成功实施了水中移位，这是人类迄今为止所迁移的最重的建筑物（图 1-12）。

表 1-1 将以上工程实例汇总，它们是国外近一百年内一些典型的建（构）筑物平移的工程实例。

图 1-12 海上高塔式采油平台[14]

国外具有代表性的建（构）筑物移位工程一览表　　表 1-1

序号	地点	建（构）筑物性质	施工时间	移位装置或方法	移位现场场景
1	新西兰新普利茅斯市	农宅	不详	蒸汽机车牵引	图 1-1
2	美国依阿华大学	科学馆	1901 年	滚轴滚动装置	图 1-2
3	英国伯明翰市	会计事务所	1982 年	千斤顶及滚动装置	
4	英国兰开夏郡 Warrington 市	学校建筑	1983 年	卷扬机和钢丝绳做牵引	图 1-3
5	美国	豪华别墅	1998 年	特殊船体	图 1-4
6	美国明尼苏达州	Shubert 剧院	1999 年 1 月	平板拖车	图 1-5
7	美国卡罗莱纳州	灯塔	1999 年 6 月	液压千斤顶	图 1-6
8	丹麦哥本哈根	飞机场	1999 年 9 月	自推动平板拖车	图 1-7
9	加拿大	特朗斯康谷仓	1941 年	千斤顶顶升托换	图 1-8
10	意大利	比萨斜塔	1999 年 2 月	掏土	图 1-9
11	法国米劳大桥	法国米劳大桥	2004 年 5 月	计算机控制超高压液压平移	图 1-10
12	雅典马鲁希	奥林匹克体育场	2004 年 6 月	PLC 控制滑行导向液压系统	图 1-11
13	欧洲北海天然气油田	海上高塔式采油平台			图 1-12

9

1.2.2 国内建（构）筑物移位控制的典型工程实例

随着国家建设的飞速发展，在我国有许多建（构）筑物移位成功的工程实例。

（1）1987年上海外滩天文台平移工程，利用托盘工艺将天文台从原处整体移位到离原地24.2m位置。这次成功的移位工程，被传媒称为"华夏第一移"。

（2）1992年晋江市糖业烟酒公司综合楼成功平移[15]。

（3）1995年河南孟州市市政府办公大楼成功平移[16]。

（4）1998年广东阳春大酒店楼房成功平移[17]。

（5）2000年，辽宁抚顺石油一厂"L"形的办公楼，应用高压射水取土的方法，成功完成了纠倾工作（图1-13、图1-14）。

图1-13 纠倾扶正前的抚顺石油一厂办公楼[18]

1-14 纠倾扶正后的抚顺石油一厂办公楼[18]

（6）2000年7月，大连远洋供应公司综合楼，通过采用智能控制液压同步顶进技术，成功实现了平移（图1-15）。

图1-15　大连远洋供应公司综合楼[18]

（7）2000年12月，山东临沂市L型的国家安全局办公楼，建筑面积3500m²、共9层、高34.5m、上有35.5m高的铁塔，总重约60000kN。其主楼实现了先自东向西平移96.9m、再向南平移74.5m，累计成功移动171.4m[19,20]。

（8）在鞍钢化工总厂，一幢始建于20世纪30年代的7号烟囱，是该厂炼焦车间最主要的烟囱。由于多年的使用，洗焦水的长期浸泡，"积劳成疾"，逐渐倾斜，最大倾斜量已达到1m以上，最大倾斜率近15‰。通过采用辐射井高压射水方法，成功地完成了该烟囱的纠偏[18]。

（9）2001年4月，湖南省长沙市芙蓉北路199号，一幢占地120m²、建筑面积240m²、总造价32万元的楼房，在4台总推力达8000kN的千斤顶同时作用下，顺利平移了4.9m。

（10）2001年4月，在四川成都石羊场三环路，一架重9万kN的公路地道桥成功整体移动23m，"镶嵌"在被挖空的成昆铁路路基下面，使汽车能顺利地在成昆铁路线下自由穿梭。

(11) 2001年5月,江苏省南京市因拓宽马路,将建筑面积达5424m²、总重量约为80000kN的江南大酒店,成功实现了平移[21~24]。

(12) 2001年6月,上海市在静安寺地区开发过程中,为保护原位于愚园路81号的刘长胜故居,先将这幢楼托举在特制的巨型托盘上,在楼前铺设9个轨道,并在轨道上涂润滑油,为大楼移动减少阻力。然后,通过9台千斤顶同时向大楼施加水平方向的推力,把这幢自重12000kN的四层楼沿着轨道缓缓东移79.5m。平移过程中,在前方设置了一台经纬仪,以防止角度偏移(图1-16)。

图1-16 刘长胜故居

(13) 2001年8月,在北京燕化,成功完成了高50m、直径11m、重7360kN的大型水塔整体平移13.21m的工程。

(14) 2001年8月,在江苏省通州市海晏镇同兴村2组,农民胡振东宅的总面积近200m²、5000kN重的两层楼房被整体移动了50m。

(15) 2001年8月,辽宁省商业局的七层办公大楼,在15台千斤顶的作用下成功平移了10m。

(16) 山西化肥厂水泥分厂的100m高烟囱,因地基浸水,倾斜量达153cm,超过允许倾斜值3倍以上,随时有倒塌的危险。使用辐射井法和双灰桩法对该工程进行了纠倾加固,取得了国内纠倾"三最工程"(最高、倾斜量最大、最危险)的圆满成功。

(17) 广州锦纶会馆是一幢建于清代雍正元年，集中了岭南古建筑的特色，具有近300年历史的会馆，且为广州市惟一幸存的会馆。其结构虽基本完好，但墙体是岭南特色的"空斗墙"，专家们曾形容该会馆像一块随时都可能散架的"水豆腐"。在工程技术人员的努力攻关下，2001年8月成功进行了整体平移。这是我国第一次对古建筑进行整体平移[18]（图1-17）。

图1-17 锦纶会馆平移现场

(18) 2001年10月，辽宁盘锦辽河油田兴隆台采油厂，首先对该厂重达40000kN的办公大楼进行分体，然后，采用活动式支顶系统成功将其向前平移35m，再各自转向90°平移30m。

(19) 2002年4月燕郊开发区根据城区规划，拟新建的一条公路需穿过燕郊基地两栋办公楼，该楼为分别建于1978年和1985年的勘察公司的，高5层、建筑面积4500m²、重70000kN的综合楼以及航测楼。这两栋楼面临着拆迁或移位的选择。由于两栋楼现有建筑物完好，燕郊基地通过采用多台千斤顶均匀加力，推动建筑物"踩"在钢制滚轴上成功地移位

13

到指定位置。

(20) 2002年,山东省东营市孤岛镇永安商场实现旋转移位。该商场为四层钢筋混凝土框架结构,基础形式为桩基础,高18.3m、建筑面积4811.49m²、总重量57738kN的楼房。移位施工时以西北角为圆心成功地顺时针旋转20°,旋转半径最大达74.6m,旋转最长距离为26.043m,解决了结构荷载托换、新老基础不均匀沉降、移动弧形轨迹难控制三大技术难题,开创了国内外建筑物以固定端为轴心进行旋转移位的先河,被誉为"华夏第一旋"[18](图1-18)。

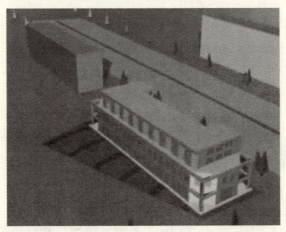

图1-18 山东省东营市孤岛镇永安商场
(世界首例以固定端为轴心进行旋转的建筑物移位工程)[18]

(21) 2003年1月湖北武昌八一路武铁印刷厂,经采用单轨道、集中载荷楼房平移技术,成功地将该厂一幢高3层、重约50000kN的楼房整体平移25m。

(22) 2003年4~7月,一幢建于1931年,长48.76m、宽27.56m、高21m、3层(局部4层)、占地1254m²、建筑面积约2600m²的优秀近代保护建筑——上海音乐厅,采用液压悬浮式滑动技术、计算机控制的液压同步顶升和移位技术,成功实现整体顶升 3.38m、移位 66.46m（图 1-19）。

图 1-19　上海音乐厅顶升和移位现场[25]

（23）江西省南昌市南铁曙光俱乐部大楼，高 6 层，造价 1100 万元，因其位于玉带河河道中央，阻碍了该市换水改造工程的顺利进行。2003 年 10 月，通过采用铁轨架空滚动方式及液压泵的作用，该大楼在滚轴上缓缓进行了平移，顺利实现由北向南移动 56m，再由西向东推移 30m。

（24）建成于 1996 年的河北曲周县农业局办公楼，长 60m，宽 11.6m，建筑面积约 1700m^2，总重量约 25000kN。该建筑物为砖混结构，基础为钢筋混凝土条形基础，纵横墙结合部位均设有构造柱，层层设有圈梁，整体性较强，施工质量较好。楼体平面呈 L 形，东部四层（设有室外楼梯），西部三层。因城区改造，该建筑物东部占据新规划道路 8.5m，东半部分（①～⑦轴）为四层（全部为大开间），若拆除后于西侧重建，势必破坏其整体设计效果，原装修部分损失更大。遂决定采取楼房整体平移。办公楼西侧 9m 处为三层砖混私人住宅，办公楼沿纵向向西移动 8.5m，平移后办公楼的西山墙距民宅山墙 0.5m（图 1-20）[26]。

（25）坐落在宁夏银川市北京路北侧的一综合楼，建于 1998 年，9 层（局部 10 层），重 70000kN，总建筑面积 4800m^2，总投资约 480 万元。2003 年在"大银川"建设的大

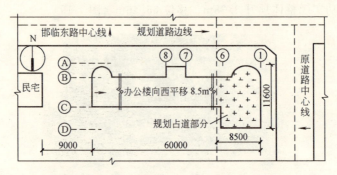

图 1-20 河北曲周县农业局办公楼平面示意图

规模拆迁工程中,原双向 4 车道的北京路被拓宽为 8 车道。根据规划设计及施工要求,北京路两侧需辅以 50m 宽的规划林带,而这座综合楼则因占用了 28m 宽的规划林带而被列入拆迁范围。为减少损失,决定对其进行整体平移。2003 年 11 月,经采用 14 台千斤顶、14 条滑道、130 个滚轴以及 200 多个滑点,在千斤顶的推动下,实现了该楼房整体后移 38m(图 1-21)。

图 1-21 银川市整体后移 38m 的综合楼

(26) 2003 年 11 月 20 日,高 7 层、重 28000kN 的泉州食品大楼,在滚轴等作用下,拽着平移 196m,且中途转 5 个弯。这是福建省整楼移动史上高度最高的大楼。

(27) 2003年11月30日,福建省福州仓山,坐落在白湖亭附近郭宅村上洲的三层砖混结构民宅,占地110m²,其北面正进行二环路三期工程建设,拆迁中附近几座楼拆除了一半。该楼主不愿住在"半边楼"中,把拆迁补偿用于平移房屋。通过将该楼架在百余台千斤顶上全部悬空,用千斤顶将房屋向南平移2m,并加高2m(图1-22)。

图1-22 脚踏百余千斤顶的三层民宅

(28) 2004年4月20日,山东商业职业技术学院的综合楼,9层,高35.5m,重达10万kN,建筑面积6200m²,采用"滑轮"技术成功移到原位置后方7.2m处。

(29) 2004年5月,位于津塘路中山门附近的津东工商营业楼,是一座钢筋混凝土框架式结构的新楼,6层,高约27.9m,东西长43.08m,南北长27.65m,建筑总面积5200m²,占地面积约1000多m²,总重量为103460kN。通过应用滚动平移方法,使用了8台千斤顶和上千根滚轴,成功向后平移了35m(图1-23)。

(30) 广西梧州市人事局的综合大楼,10层,高36m,总面积8836m²,重约130000kN以上。2004年5月25日,在14台液压千斤顶和数量众多的滚轴同时作用下,推动整幢大

图 1-23 津东工商营业楼平移模拟图[26]

楼向北移动 30.276m。

(31) 2004 年 6 月 15 日,山西省离石市新规划的桥头街道路拓宽改造工程主车道内、连同地下室共 7 层的"品"字型砖混结构的吕梁建筑公司 15 号商住楼,重达 60000kN,在 647 个滚轴上缓缓向东匀速整体顶推平移。

(32) 广西梧州市最好的酒楼——福港楼,位于西江河畔西堤路,建于 2002 年,9 层,高 34m,建筑面积约 8330m²,重 14.8 万 kN。因城区规划改造,需沿着西北方向平移 35.62m,且平移到位后还要旋转 2.8°。2004 年 10 月 30 日,该楼经采用千斤顶做动力,沿着铺设好的轨道,边旋转边平移,最终准确、安全地到位,稳稳地坐落到目标位置上(图 1-24)。

图 1-24 福港楼移位现场

(33) 2005年9月28日,位于山东省济南市纬六路的"老银号"楼,建于20世纪20年代,是山东省城现存的惟一一座南欧风格的老建筑。通过布设双上轨道梁、钢滚轴及下轨道梁,用多台同步液压千斤顶将该古建筑牵引平移到新位置(图1-25)。

图1-25 "老银号"楼

(34) 2005年11月6日,山东省济南市一幢高3层、建筑面积2200m², 长87.4m、宽7.76m、重约4万kN的市民政局社区服务中心综合楼,通过建设39条轨道(其中双轨16条,单轨13条),使用了1950多根钢滚轴(其中每条轨道上分别有50根以上),钢垫板用了700多块(其中每条轨道上分别有18块以上)。在4台油泵、13台液压千斤顶以及39根粗钢丝绳的牵引下前行。

(35) 2005年11月,位于宁夏吴忠市新生街、高达53.7m的吴忠宾馆,通过采用液压悬浮式滑动方式、液压顶推系统的作用,将切割下的大楼主体沿着5条钢筋混凝土滑道稳定推进,最终将该大楼成功西移82.5m。

(36) 建于1994年地上为主体12层,突出层面小塔楼总层数18层（从地上一层算起），地下室一层，建筑总高度为80m，总建筑面积13450.2m²，总重约16万kN的大连公安交通指挥中心，高低错落，体形复杂，经工程技术人员的努力，成功平移了31.2m。

（37）辽宁大连北良港是中国粮食基本建设中最大的工程，于1996年开工建设，目前已发展成为亚洲最大的粮食专用码头，其规模和水平在世界上亦属一流。北良码头共有泊位5个，设计吞吐量1100万t，可停泊(8～10)万t的大船，有现代化的仓库110万t（包括40万t立筒仓、60万t圆仓、10万t房式仓、罩棚仓），有L18铁路专用车辆1400辆，有近30万m²的堆场。该港火车罩棚结构为钢结构支架，东西长约500m，南北宽约50m，在工程技术人员的努力下，经对其实施清除混凝土台面→更换螺栓杆（植筋）→抬升→灌注混凝土养护等施工流程，成功地对其11个下沉的柱基进行植筋抬升，且待其达到设计标高后对基础进行加固。

（38）在辽宁阜新，顺利完成了高5层、建筑面积约2656m²的阜海煤矿医院的平移。

（39）在辽宁大连，采用迫降法-辐射进法，顺利完成了大连名贵山庄华丽园住宅楼的平移。

（40）在辽宁大连，顺利完成了高6层、建筑面积4000m²的大连绿波小区住宅楼的转向平移。

（41）在辽宁大连，通过采用高压射水、掏土、排石、浸水、振捣等多种纠倾方法联合操作，顺利完成了大连锦绣居住区37号、43号楼纠倾扶正工程。

（42）在辽河油田，通过采用迫降法-高压射水取土法，顺利完成了该油田金宇公司储油罐纠倾。

（43）在黑龙江哈尔滨，成功完成了一幢29层、高99.6m的齐鲁大厦的纠倾扶正。

（44）在云南大理，成功完成了该市富海小区22栋住宅楼的纠倾加固[19]。

此外，重庆江北机场航站楼的巨型钢结构顺利完成整体平移，东方明珠广播电视塔桅杆的提升工程、河南南阳鸭河口电厂干煤棚的大跨度柱面网架折叠展开提升工程以及上海东航40号机库150m跨钢屋盖整体提升工程等也都得到了成功完成[27~29]。

表1-2为以上综述近几十年内我国建（构）筑物移位工程一览表。

国内具有代表性的建（构）筑物移位工程一览表　　　表1-2

序号	地点	建(构)筑物	施工时间	移位装置或方法
1	上海	外滩天文台	1987年	水平移位
2	福建晋江	晋江市糖烟酒公司综合楼	1992年	水平移位
3	河南孟州	孟州市政府办公大楼	1995年	水平移位
4	广东阳春	阳春大酒店平移工程	1998年	
5	辽宁抚顺	抚顺石油一厂办公楼	2000年	高压射水取土法
6	辽宁大连	大连远洋供应公司综合楼	2000年	智能控制液压同步顶进
7	山东临沂	临沂市国家安全局办公楼	2000年	水平移位
8	辽宁鞍山	鞍钢化工总厂7号烟囱	2000年	采用辐射井、高压射水纠偏法
9	湖南长沙	长沙市芙蓉北路199号楼房	2001年	
10	四川成都	石羊场三环路公路地道桥	2001年	
11	江苏南京	江南大酒店	2001年	
12	上海市	刘长胜故居	2001年	千斤顶做动力，沿铺设好的轨道平移
13	北京	大型水塔	2001年	
14	江苏通州	楼房	2001年	整体移动
15	辽宁	商业局办公大楼	2001年	整体移动
16	山西	山西化肥厂水泥分厂的100m高烟囱		辐射井法和双灰桩法
17	广州	广州锦纶会馆	2001年	千斤顶做动力，沿铺设好的轨道，"边旋转边平移"

续表

序号	地点	建(构)筑物	施工时间	移位装置或方法
18	辽宁盘锦	辽河油田兴隆台采油厂原办公楼	2001年	活动式支顶系统
19	燕郊开发区	燕郊基地综合楼以及航测楼	2002年	千斤顶和钢制滚轴
20	山东东营	孤舟镇永安商场	2002年	以固定端为轴心进行旋转移位
21	湖北武昌	武铁印刷厂三层楼房	2003年	单轨道、集中载荷楼房平移新技术
22	上海	上海音乐厅	2003年	液压悬浮式滑动顶推平移
23	江西南昌	南铁曙光俱乐部大楼	2003年	铁轨架空滚动式液压泵站腾空推移
24	河北曲周县	农业局办公楼		
25	宁夏银川	集办公、商业和住宅为一体综合楼	2003年	滚轴滚动顶推平移
26	福建泉州	泉州食品大楼	2003年	滚轴滚动拽着跑
27	福建福州	民宅	2003年	土法平移
28	山东济南	山东商业职业技术学院综合楼	2004年	"滑轮"技术
29	天津	津东工商营业楼	2004年	千斤顶和上千根滚轴
30	广西梧州	梧州人事局人才交流中心	2004年	滚轴滚动顶推平移
31	山西离石	吕梁建筑公司15号商住楼	2004年	滚轴滚动顶推平移
32	广西梧州	福港楼	2004年	千斤顶做动力,沿着铺设好的轨道"边旋转边平移"
33	山东济南	"老银号"楼	2005年	钢滚轴滚动牵引平移
34	山东济南	市民政局社区服务中心综合楼	2005年	滚轴滚动牵引平移
35	宁夏	吴忠宾馆	2005年	液压悬浮式滑动方式
36	辽宁	大连公安交通指挥中心		
37	辽宁	大连北良港火车罩棚		
38	辽宁	阜海煤矿医院		
39	辽宁	大连名贵山庄华丽园住宅楼		迫降法-辐射井法
40	辽宁大连	大连绿波小区住宅楼平移工程		转向平移

续表

序号	地点	建（构）筑物	施工时间	移位装置或方法
41	辽宁大连	大连锦绣居住区 37 号、43 号楼		高压射水、掏土、排石、浸水、振捣等多种纠倾方法联合操作
42	辽宁	辽河油田金宇公司储油罐	2005 年	迫降法-高压射水取土法
43	哈尔滨	齐鲁大厦	2005 年	
44	云南大理	富海小区 22 栋住宅楼	2005 年	

注：本节中的相关资料除特别注明的参考文献外，均为作者从中国工程项目管理网、阳春信息网、本溪信息网、筑龙网、江西资讯、搜狐新闻、天津新闻网、山东新闻网、新华新闻网、宁夏新闻网等相关新闻网站上收集，作者不一一列举。

1.3 建（构）筑物移位控制的原理与方法

1.3.1 建（构）筑物移位的原理[30~33]

由于城市规划和城市建设的发展，既有建（构）筑物（包括古建筑）使得道路拓宽扩建、旧城改造、场地用途改变或使用功能发生变化，或兴建地下建筑以及保护文物古迹和既有建筑的原貌等，往往需拆除或改变具有使用价值或保留价值的建筑物原来所在的位置。通过一定的技术手段，不拆除建（构）筑物而改变建（构）筑物原来所在的位置，需要建筑物搬迁移位或转动一定角度，有的需大幅度移位搬到新的地方，有的仅作少量的移位或转动，这就是建（构）筑物的移位技术。如图1-26 所示，构筑物的移位有平移、转向、旋转、抬升、下降等。

建（构）筑物移位是根据原建（构）筑物的形状、整体刚度、地理位置、现场施工条件、经济投资比较等多种因素综合选定方案。其基本原理是对现有结构物体进行必要的安全加固，根据托换理论改变其传力系统，从而在基础的适当位置使迁移部分与原结构部分脱离开，分成原有基础部分与迁移部

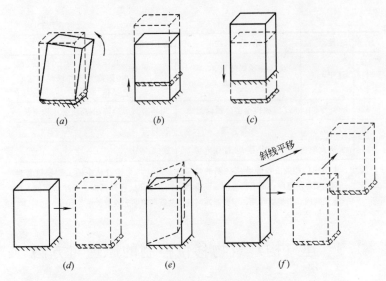

图 1-26 构筑物的整体移位示意图
（a）纠倾移位；（b）垂直顶升移位；（c）垂直下降移位；（d）直线平移；（e）水平旋转平移；（f）折线平移

分，使迁移部分形成独立的可移动单元体，然后通过提升、滑道推拉等技术手段，使迁移物达到新的预定位置。

1.3.2 建（构）筑物移位的方法

建（构）筑物移位，需要根据建（构）筑物结构特点，系统分析移位的可行性，研究制订移位建（构）筑物的结构加固方案、结构与基础的分离方案及移位方案等，明确建（构）筑物移位设计准则，研究设计建（构）筑物移位行走机构、移位行走轨迹（道）等。

建（构）筑物移位技术，按移位对象可分为房屋建筑移位技术、桥梁和高架结构移位技术及地下结构移位技术；按移位目的可分为迁移移位、抢险和处理移位；按移位手段可分为掏土移位技术、注浆移位技术、切割顶升移位技术和滑动摩擦移位技术等；按移位位置又可分为水平移位、垂直提升和纠偏（图1-27）。总之，建（构）筑物移位主要是通过将构筑物进行平移、转向、旋转、抬升、迫降等方法来完成的。

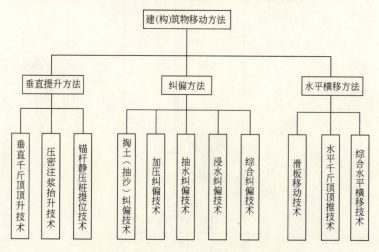

图1-27 建（构）筑物移位技术的分类

随着科学技术的进步，计算机应用技术在各行各业得到了广泛的推广和应用，对建（构）筑物移位领域也不例外。这里值得一提的是计算机液压控制同步移位技术。

1.3.3 计算机控制系统[25]

1.3.3.1 计算机液压控制同步系统

计算机液压控制同步系统由液压系统（油泵、油缸等）、传感检测及计算机控制等几个部分组成。图1-28为系统同步控制示意图。

计算机液压控制同步技术的核心是计算机控制技术，其可以全自动完成同步位移、实现力和位移控制、操作闭锁、过程显示和故障报警等多种功能，是集机、电、液、传感器、计算机和控制技术于一体的现代技术。

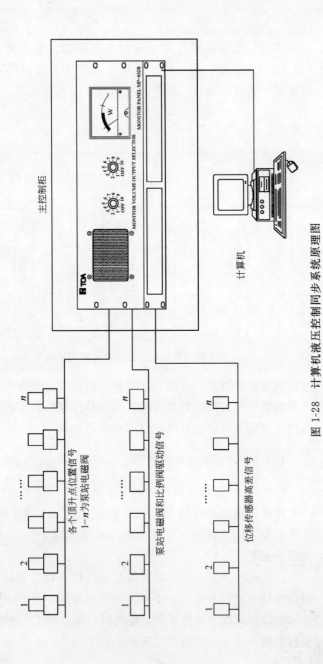

图 1-28 计算机液压控制同步系统原理图

1.3.3.2 计算机液压控制同步系统的工作原理

在计算机液压控制同步系统中,以一油缸的动作作为主控制点,其他油缸作为跟随控制点,均以主控制点的位移量来调节其自身的位移量。主控制点决定施工对象的位移量,操作人员可以根据安全因素和技术要求来设定计算机控制跟随控制点油缸的同步误差范围及精度。各跟随控制点位移量的调整是通过比例液压网络中的比例阀调节来实现的。

在系统中,每台(组)油缸上均布置一台位移传感器,在操作过程中这些传感器可随时测量当前的油缸位移量,并通过现场实时网络传送给主控计算机,跟随控制点与主控制点的跟随情况可以用位移传感器测量的位移差反映出来,主控计算机可以根据这一差值,依照一定的控制算法,来决定相应比例阀的控制量大小,从而实现各跟随控制点与主控制点的位移同步。

为了提高构件的安全性,在每个控制点都布置了压力传感器,主控计算机可以通过现场实时网络监测每个控制点的荷载变化情况。如果控制点的荷载有异常的突变,则计算机会自动停机,并报警示意。

1.3.3.3 计算机液压控制同步系统的特点

该系统具有如下特点:

(1) 是具有 WINDOWS 用户界面的计算机控制系统,界面友好。

(2) 整体安全可靠。

软件功能的保证:位移误差的控制;行程控制;负载压力控制;紧急停止功能;误操作自动保护。

硬件功能的保证:油缸液控单向阀防止任何形式的系统及管路失压,从而保证负载有效支撑;液压整流桥防止换向阀内泄;球密封换向阀无泄漏;设计响应快;开关流量控制精确。

(3) 系统功能完善,具有精确性、完整性、灵活性及通用性等特征。

(4) 顶升过程中的油缸为机械自锁。

(5) 所有油缸既可同时操作也可单独操作。

(6) 选用外置拉线式传感器，不会因为油缸支撑面不合适的移动（下沉）而使测量值不准。

(7) 同步控制点可达 200 个，适用于大体量建筑物或构件的同步位移。

参 考 文 献

[1] 张鑫，徐向东，都爱华. 国外建筑物整体平移技术的进展. 工业建筑，2002，32 (7)：1～3

[2] Lamar K, Deitz P and Barber, S. Photo from Southcombe's Collection. New Plymouth. New Zealand. The Structual Mover, 1999, 17 (1)

[3] Lamar K, Deitz P and Barber, S. University of Iowa Work. The Structure Mover, 1999, 17 (1)

[4] Pryke J. F. S. Underpinning, Framing, Jacking-up and Moving Brick and Stone Masomy Structures. Proc. ICE Conf. London：1982

[5] Pryke J. F. S, Relevelling, Raising and Re-siting Historic building. Proc. Symp. IABSE. London：1983

[6] Kum Browniz. From Boca to Fort Pierce. The Structural Mover, 1999, 17 (2)

[7] ETALCO. The Shubert Thearter Was Self-Propelled. The Structural Mover, 1999, 17 (2)

[8] Jim Anders. The Hatteras Lighthouse. The Structural Mover, 2000, 18 (1)

[9] John L. Froged Master Cylinder Gives Lighthouse a Lift. Design News, Boston, 1999

[10] Gimi K. Supemove'99 Gopenhagen Airport. The Structural Mover,

2000, 18 (1)
[11] Budhu, M, Soil Mechanics and Foundations. John Wiley & Sons, Inc., New York, 2000
[12] Burland, J. B, Jamiolkowski, M., and Viggiani, C. The stabilization of the leaning tower of Pisa, Soils and Foundations, 2003, 43 (5): 61~80
[13] 恩派克网页 http://www.enerpac.com.cn/eg/eg_00.htm#Top
[14] Per Fidjestol. History and future of high performance concrete and marine concrete, Elkem ASA Materials, 2004
[15] 张新中, 解伟, 李友琳. 建筑物整体迁移技术应用与发展. 建筑技术开发, 1999, 26 (3): 39~41
[16] 孟州城建移楼公司网页 www.yilou.com
[17] 李小波, 谷伟平, 李国雄等. 阳春大酒店平移工程的设计与实践. 施工技术, 2001 (2): 24~26
[18] 大连久鼎特种建筑工程有限公司 http://www.dljiuding.com
[19] 贾留东, 张鑫, 孙剑平, 徐向东. 临沂市国家安全局八层办公楼整体平移设计. 工业建筑, 2002, 32 (7): 7~10
[20] 张鑫, 贾留东, 贾强, 王守建, 赵经海. 临沂市国家安全局八层办公楼整体平移施工及现场监测. 工业建筑, 2002, 32 (7): 11~13
[21] 李爱群, 卫龙武, 吴二军, 刘先明, 陈道政, 孙亚萍. 江南大酒店整体平移工程的设计. 建筑结构, 2001, 31 (12)
[22] 卫龙武, 吴二军, 李爱群, 郭彤, 陈文海, 王彦文, 黄俊. 江南大酒店整体平移工程的关键技术. 建筑结构, 2001, 31 (12)
[23] 赵世峰, 李爱群, 卫龙武, 郭彤, 吴二军. 江南大酒店平移工程基础隔震设计与地震反应分析. 建筑结构, 2001, 31 (12)
[24] 吴二军, 黄镇, 李爱群, 卫龙武, 郭彤, 丁幼亮, 卞朝东, 王燕华, 王彦文. 江南大酒店平移工程的静态和动态实时监测. 建筑结构, 2001, 31 (12)
[25] 仇圣华等.《上海音乐厅顶升和移位成套技术研究》项目研究报告. 上海市住安建设发展股份有限公司, 2004-12
[26] 徐向东, 贾留东, 孙剑平, 张鑫. 四层办公楼纵向整体平移. 山东建筑工程学院工程鉴定加固研究所

[27] 吴欣之，王云飞，朱伟新等．重庆江北机场航站楼巨型钢结构整体平移安装技术．中国工程机械工业协会施工机械化分会 2004 年会论文集，2004：83～88
[28] 王云飞，崔振中．大跨度柱面网架折叠展开提升技术．建筑机械化，2003（3）：24～26
[29] 王云飞，崔振中．上海东航 40 号机库 150m 跨钢屋盖整体提升技术．建筑施工，1996（5）：1～3
[30] 福建省建筑科学研究院主编．建筑物整体移位施工工法 YTGF42-98．北京：中国建筑工业出版社，1999
[31] 张天宇．建筑物整体移位施工工法．施工技术，2000（11）：46～48
[32] 中华人民共和国行业标准．既有建筑地基基础加固技术规范（JGJ 123—2000）．北京：中国建筑工业出版社，2000
[33] 张永钧，叶书麟主编．既有建筑地基基础加固工程实例应用手册．北京：中国建筑工业出版社，2002

第 2 章 房屋建筑移位控制技术

2.1 概　　述

随着经济的发展，各大中城市的基础设施、公共事业的建设正发生着日新月异的变化。由于城市交通的不断改善，城市规划的不断调整，旧城改造的工程愈来愈多，出现了许多既有建筑物影响城市改造及基础设施建设的情况，这样使一些新近建设的建筑物和一些仍具有使用价值或保留价值的建筑物面临拆除的情形。再者，一些建筑物由于不均匀沉降，导致整体倾斜或沉降过大影响使用功能。这些房屋建筑如被强行拆除将给建设单位造成巨大经济损失，拆除和安置重建工作也直接影响建设单位的正常工作和居民的生活稳定。对于具有人文价值的历史性保护建筑，一旦拆除，将会造成无法弥补的损失。此外，在这些房屋建筑的拆除过程中，必然产生粉尘、噪声以及大量不可再生的建筑垃圾，又带来了环境问题。

近年来建筑物整体移位技术得到了迅速发展。如果应用该技术对上述这些建筑物根据周围条件与环境规划的要求，在允许的范围内实施整体移位，使其得以保留，可以取得良好的经济和社会效益，而且还可以保护环境。因此，研究推广房屋建筑移位控制技术意义重大而深远。

2.2　房屋建筑移位控制的基本步骤

房屋建筑移位与大型设备（如重物）的水平搬运相似，不

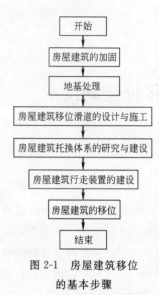

图 2-1 房屋建筑移位的基本步骤

同的是建筑的抗变形能力较差,体量大,且房屋建筑平面复杂,与基础之间有可靠的连接,特别是一些使用年限较长的保护性建筑,结构松散、承载力较低,搬迁难度较大[1~4]。

房屋建筑移位的基本步骤流程如图 2-1 所示[1~4]。

2.2.1 房屋建筑的加固[1~4]

在房屋建筑平移前,应该对房屋的现在状态进行评估检测。以此为基础,结合移动过程的内力分析成果,如果安全性不足则应对原房屋建筑进行必要的加固,以确保其在平移过程中的结构安全。

房屋建筑的整体移位能否顺利进行,与建筑物的整体性密切相关。对于使用年限短、采用框架结构的建筑物,该问题并不突出。但对于使用年限较长、结构承载力较低的保护性建筑而言,该问题就比较突出,这是建筑物整体迁移前必须解决的首要问题。

在房屋建筑的整体移位中,房屋建筑加固的设计、施工质量将直接影响到迁移过程中的安全性和可靠性,这一点是建筑物移位的关键技术之一。

2.2.2 地基处理[1~7]

鉴于建筑物整体迁移的技术特点,迁移轨道一般埋置较浅,地基承载力较低,通常不能满足建筑物整体迁移的要求,此时需对地基进行处理。一方面,由于建筑物在原址、移动过程中及规划新址的基础类型不同,其地基上的承载力往往差别很大；另一方面为了降低建筑物在移动过程中的不均匀沉降，一般也需要对地基进行处理。

地基处理时，一般先根据区域工程地质条件，对建筑物整体迁移路线及新址处的地基承载力进行验算。当地基承载力不足时，则研究采取相应的措施进行加固处理。

建筑物整体迁移时，由于地基加固设计、施工质量也将影响到建筑物整体平移过程中的安全性和可靠性。因此，地基处理是建筑物移位的又一项关键技术。

2.2.3 房屋建筑移位滑道的设计与施工[1~4]

建筑物通过滑道才能从旧址移动到新址，因此要求滑道必须保持水平，以减少推动阻力，且能够承受滚动支座移动过程中的作用力。

下滑道施工是指取一平面作为迁移物体的移动面，在该平面下方沿迁移路线施工下轨道梁，且其布置间隔应对称、均匀，避免迁移物体出现不均匀沉降或迁移物体的结构局部失稳。对于下滑道与原老基础结合处要特殊处理，如将原基础混凝土表面凿毛、露出钢筋、冲洗干净，涂抹界面剂，在老基础混凝土内植筋，与下滑道连成整体等。

建筑物滑移轨道的平整是移位行走的关键，滑动面标高和平整度严格控制，钢板分段连接，接头不得错牙并打磨平整光滑。滑道相对水平误差不得大于 2mm。移位前下轨道梁应进行验算、加固、修整和找平。

2.2.4 房屋建筑的托换体系[1~7]

整体托换指在既有建筑物范围内移动面以上施工行走机构和托换梁系。其中行走机构包括滑动或滚动行走装置。

对于托换有两种思路。一是将房屋连同基础整体托换，托换梁系比较单一；另一种是在基础以上部位切断，托换梁系包括上滑道、夹墙梁、抱柱梁及连系梁等。

上海音乐厅顶升和移位工程是采取第二种方法完成托换工作的。鉴于钢结构变形较大，与原结构界面连接为钢与混凝土连接，需大量穿越原结构，通过螺栓抗剪来传递荷载至新结构，对原结构损伤较大。而钢筋混凝土结构变形小，与原结构界面连接为新旧混凝土连接，通过新旧混凝土界面处理、混凝土粘结力、钢筋桶箍和锚筋的作用，可安全可靠地将荷载传递至新结构，多利用原结构周边界面，对原结构破坏较少。经研究比较分析后确定：上海音乐厅在顶升和移位中建立钢筋混凝土结构托换体系。

2.2.5 房屋建筑行走装置的建设[1~4]

房屋建筑整体迁移时，必须建立行走装置。房屋建筑整体迁移时所需的行走装置包括反力后背、液压动力系统、转向装置等部分。对于房屋建筑移动行走设计，包括外加动力是采用推力或是牵拉力，滑道摩擦方式是采用滑动摩擦或是滚动摩擦方式等问题的设计。

此外，还需要进一步考虑的是，当房屋建筑采用顶推方式进行整体迁移时，需要设计后背形式，如反力式、重力式等；当房屋建筑采用牵拉方式进行整体迁移时，需要设计地锚等；当房屋建筑采取滑动方式进行整体迁移时，可采用全接触滑动摩擦或滑块式滑动摩擦；当房屋建筑采取滚动方式进行整体迁移时，滚轴可采用实心钢管，也可采用灌入细石混凝土的空心钢管。

随着计算机控制技术的应用发展，目前在建筑物整体移位工程中可采用计算机液压控制同步（顶推、顶升、牵拉）技术，它能大大提高建筑物迁移效率及移位的可控性和安全性。计算机液压控制同步技术，为建筑物移位提供了另一项关键技术。

2.2.6 房屋建筑的移位[1~4]

房屋建筑的移位,包括房屋建筑的平移、提升及旋转。

房屋建筑的平移,指通过对房屋建筑施加顶推力或牵引力将其平移至新基础处的施工过程。

房屋建筑的提升,即根据要求将房屋建筑升至预定高度的施工过程。关于房屋建筑提升的方法有两种,一种为垂直提升,即对需要迁移的房屋建筑设置多个支撑点,由采用计算机控制油缸同步提升技术完成。房屋建筑垂直提升技术多应用于房屋建筑的纠倾施工中;另一种为斜面提升,此方法是对需要迁移的房屋建筑,在一定的长度内设计好坡度,边移动边提升,使其最终达到设计高度。前者施工的技术要求较高,需对房屋建筑本身及提升系统制定详尽、可靠的安全措施。后者适用于有较长迁移距离且需将房屋建筑提升幅度不大的情况。

房屋建筑的旋转,主要适用于对房屋建筑在水平方向位置的调整,可以利用顶推与牵拉,并结合对基础摩擦力矩的调整来完成。

2.3 房屋建筑移位控制技术的优点及应用范围

2.3.1 房屋建筑移位技术的优点[1~4]

应用房屋建筑移位技术整体搬迁房屋建筑,只需付出新址基础费用及搬迁费用,可大大节约投资,缩短施工周期,对楼房使用人员的生活影响小(施工期间,二层以上可以照常使用)。另外,可减少建筑垃圾,使城市规划更加灵活。因此,无论是从社会效益、经济效益还是环境效益来说,建筑物移位技术都有很大的应用价值,具有广阔的应用前景。

2.3.2 房屋建筑移位技术的应用范围

近年来，房屋建筑整体迁移技术日趋成熟，无论房屋建筑的托换技术，还是滑移技术均已达到较高水平。目前该技术已在居民楼、公共建筑以及古树名木的整体迁移中得到成功应用，如四明公所、刘长胜故居、江南大酒店等，以及浙江三门岭口古树的整体迁移。该技术特别适用于旧房改造、既有房屋建筑的迁移、具有历史价值的优秀保护性建筑物的迁移等方面。

2.4 工程应用实例——上海音乐厅顶升和移位工程

2.4.1 上海音乐厅顶升和移位工程概况[1][3~4]

2.4.1.1 上海音乐厅及其保护性迁移

上海音乐厅是由我国著名建筑师范文照和赵深设计的，建成于1930年（图2-2～图2-4）。它是一幢带有西洋古典风格的建筑，属上海少有的欧洲传统风格。走进音乐厅休息大厅，映入眼帘的是16根罗马式大理石圆柱，气度非凡。沿大理石台阶而上可看到墙面精巧的线角、罗马风灯和蜡烛灯的照明，舞台框架及音乐厅两壁洛可可风格的柱饰，大圆顶的天花板图纹，不仅记录了高贵与典雅，还很自然地令人遐想到了凝固的巴赫、莫扎特、海顿的音乐。

观众厅的构图明确和规范化，复杂而不零乱，变化而富有层次，色彩淡雅庄重，与其演绎的古典音乐有着惊人的统一。

上海音乐厅共有观众席1122座，其中楼下640座，楼上482座；镜框式舞台深8.35m，宽16m，音乐会可使用面积约100m^2；舞台上方有可调控反响板，备有一架编号为474380

图 2-2　上海音乐厅正门

图 2-3　上海音乐厅休息大厅

的斯坦威 D-274 三角钢琴；60 路调光台，其中面光 46 路，顶光 4 路，内侧光 10 路；一套 24 路雅马哈调音音响，16 只台口话筒插座。

　　上海音乐厅的自然音响之佳，既得到建筑学专家的首肯，更为众多中外艺术家所认同。著名小提琴家斯特恩、阿卡多、祖克尔曼；钢琴家拉萝查、傅聪、殷承宗以及费城交响乐团、香港管弦乐团、中国交响乐团等均来此演出并获得很大成功。

图 2-4 上海音乐厅

因为上海音乐厅具有悠远的历史以及建筑风格富有特色，数十年来因其良好的建声效果和欧洲古典风格的建筑特色（图 2-2～图 2-4），具有较高的观赏价值和保存价值。由于其特有的双层式观众厅、镜框式舞台、铁栅琉璃、华灯明照等，1989 年被列为国家级优秀近代建筑，属于文物保护范围。

上海音乐厅位于延安东路 523 号，北与上海市人民广场隔路相望，东与举世闻名的大世界为邻，与国际饭店、市政府大厦、上海博物馆共同位于上海市中心城区中轴线上。上海音乐厅整体迁移和修缮工程，是 2002 年上海市人民政府计划的市中心综合改造规划项目之一，是上海市重点工程。这项整体移位项目在上海市乃至全国均为首例，上海音乐厅从旧址移位 66.46m，如图 2-5 所示。

2.4.1.2 上海音乐厅建筑结构[1][3~4][8]

（1）建筑部分

上海音乐厅建筑总体上以欧洲传统风格为主。音乐厅长 48.76m，宽 27.56m，层高 21m，主体 3 层，局部 4 层，占地面积 1254m^2，建筑面积约 2600m^2（图 2-6）。

音乐厅外墙下部原为汰石子墙面，上部为红褐砖的清水墙面。正立面（沿今延安东路）有券形门及阳台，上部有三个大

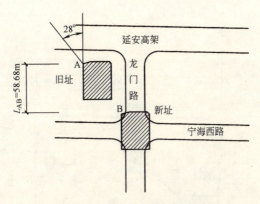

图 2-5 上海音乐厅新旧址相对关系图

尺度半圆券形落地窗,窗间有爱奥尼式壁柱和浮雕。进门门厅正中设大旋梯,转向两面,前为走马廊,后为休息厅,四周有16根奥尔尼式圆柱,气势恢弘,白色柱身饰黑色复合式柱头。休息厅前有三个券形门洞及栏杆,券形门上饰有浮雕,走廊顶面饰有壁画。观众厅平面为钟形,穹顶较高,观众厅内采用柱式装饰和古希腊花饰,色彩淡雅庄重。

音乐厅混响时间适中,约为1.5s,音质饱满、浑厚,逼真度高,层次感强,高潮时富有张力,令人神往。

（2）结构部分

上海音乐厅结构总体上为混合结构。

1）基础

上海音乐厅的基础主要采用现浇钢筋混凝土单柱、多柱独立基础及现浇钢筋混凝土箱型基础,其中单柱独立基础22个,双柱独立基础8个,三柱独立基础2个,五柱独立基础1个,舞台部分采用筏式基础。上海音乐厅的基础平面布置与柱的编号见图2-7。

音乐厅的主要独立基础底面积有 mm：2057×2057、1981×1981、2743×2743、3200×3200、3124×3124、2896×

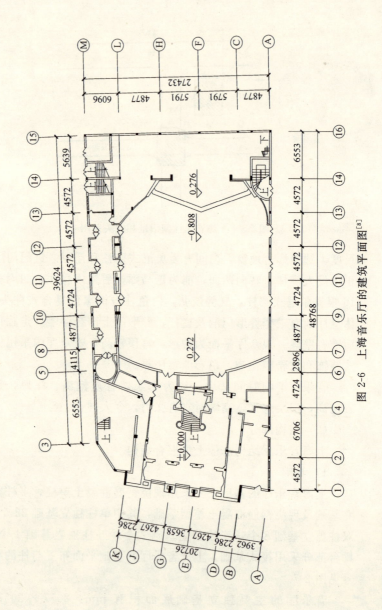

图 2-6 上海音乐厅的建筑平面图[8]

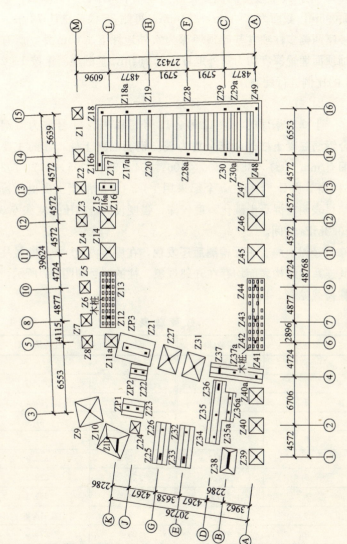

图 2-7 基础平面及柱的编号图[8]

2896等。其中楼座两侧多柱独立基础下采用方木桩基础,桩长6.096m,截面为254mm×254mm,每侧36根,总计72根。除楼座两侧多柱独立基础顶埋深为室外地坪下1.65m外,所有基础顶面埋置深度均为室外地坪下0.762m,基础混凝土按1∶2∶4的比例进行配制。

2)柱

上海音乐厅的柱除12号、13号、42号、44号柱为型钢组合钢筋混凝土柱外,其余均为现浇钢筋混凝土柱,柱的主要截面有mm:381×381、406×406、254×254、305×305、792×610等,共计64根柱,全部采用1∶2∶4的混凝土浇捣。检测结果表明柱混凝土碳化程度较深,强度较低,抗压强度在6.3～13.2MPa之间。

经对上海音乐厅检测后还发现,在屋架内20号、30号柱及其连系梁结构表面均存在开裂现象。柱的编号如图2-7所示,各柱荷载见表2-1。

柱 荷 载 表　　　　　表 2-1

原柱号	柱荷载(kN)	原柱号	柱荷载(kN)
1	327.5	14	1369.2
2	411.3	15	1096.7
3	411.3	16	570.3
4	411.3	17	984.4
5	411.3	18	737.5
6	411.3	19	532.9
7	454.0	20	879.2
8	510.0	21	689.3
9	719.2	22	313.8
10	301.7	23	275.4
11	597.5	24	477.8
12	2153.3	25	397.3
13	2523.3	26	376.3

续表

原柱号	柱荷载(kN)	原柱号	柱荷载(kN)
27	1118.1	46	685.8
28	862.2	47	570.8
29	532.9	48	879.2
30	879.2	49	259.2
31	1118.1	P1	405.3
32	376.3	P2	261.3
33	397.3	P3	181.6
34	477.8	11a	262.9
35	383.3	16a	717.5
36	297.3	16b	223.6
37	423.3	17a	420.3
38	597.5	18a	229.2
39	191.8	28a	341.7
40	343.3	29a	802.9
41	223.3	30a	450.2
42	2291.7	35a	352.5
43	417.2	36a	407.5
44	2271.7	37a	802.9
45	958.3	40a	256.8
合计	∑ 41014.9(不含上滑道等新增混凝土荷载)		

3) 墙

上海音乐厅的墙体大部分为砖砌体,与柱没有拉接,下部厚度为370mm,上部厚度为240mm,其中进门门厅处墙厚达1000mm,甚为壮观。部分弧形内墙结构为木立柱上挂钢丝网,然后抹水泥砂浆而成,上部与石膏天花板相连。音乐厅的声学效果与薄壁式内墙及天花板不无关系。

4) 梁

上海音乐厅楼座位置有两根钢桁架梁，跨度为21.5m，梁高2.5m，如图2-8所示。其他梁全部采用现浇钢筋混凝土结构。

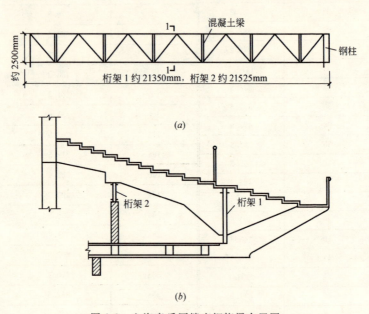

图2-8 上海音乐厅楼座钢桁梁布置图
(a) 桁架立面图；(b) 1—1断面

5）楼板

上海音乐厅的楼板，除屋顶外，其余均为现浇楼板。

6）屋面

上海音乐厅观众席上方屋面分别采用彩钢板屋面和平瓦屋面，两种屋面高差约0.5m。

音乐厅屋架为三角形木屋架，共计7榀。弦杆截面尺寸为：上弦杆250mm×250mm、下弦杆300mm×300mm、斜杆150mm×150mm、竖杆为钢杆（直径为$\phi 19\sim 50$），屋面檩条为75×250@1000。据现场实地调查，屋架下弦两侧距端部约1.7m为弦杆接头，弦杆两侧及上下分别用长度2.7m的32号槽钢及钢板进行加固。屋架端头与檐口圈梁有可靠连接。下弦杆两侧各有一根通长 $\phi 32$ 钢拉杆通过端头钢板将下弦杆两端拉紧。

屋架位置及编号、屋架及天花板结构如图 2-9 所示。

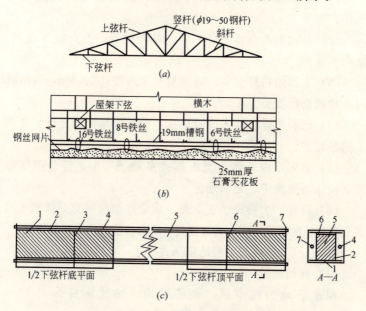

图 2-9 上海音乐厅屋架及天花板结构图
(a) 三角形屋架结构示意图；(b) 天花板悬挂示意图；(c) 屋架下弦杆加固图
1—旋木底面加固钢板；2—32 号槽钢；3—旋木接头；4—钢拉杆；
5—旋木；6—顶面加固钢板；7—加劲封头钢板

检测后发现，屋架 2 号、7 号东上弦木、6 号西上弦木、3 号东下弦木有开裂现象，但各节点连接基本完好。

7) 天花板

上海音乐厅天花板为石膏天花板上饰有精致的花纹，是文物保护的重点部位之一，其结构为悬挂结构，天花板重约 500kN。

测量后发现，上海音乐厅目前向东和向北倾斜，向东最大倾斜率0.15%，向北最大倾斜率0.1%。

2.4.1.3　上海音乐厅建筑结构特点

上海音乐厅建筑结构具有如下特点：

(1) 基础形式复杂多样，桩基、独立基础、筏式基础并存。

(2) 基础平面布置复杂多样，基础位置、方向极不规则，结构不紧凑。

(3) 上部结构跨度大，穹顶及楼座跨度达21.5m，为当时同类建筑物所少见。

(4) 已经扩建、技术改造几次，建筑布局比较复杂，立面上错层较多。

(5) 音乐厅内总体造型近似"窄靴子"型，符合声学原理，使乐音更集中、更清晰。

(6) 廊柱、大旋梯、正立面、观众厅墙面等充分体现了欧式古典建筑的艺术风格，具有较高的观赏价值及历史保护价值。

2.4.1.4　场地的工程地质条件[3~4][7]

(1) 地形地貌

拟建场地为闹市区，地势平坦，场地标高为2.70～3.30m。地貌为长江三角洲入海口滨海平原。

(2) 地质土的构成及评价

表2-2为地基土层分布。

1) 天然地基

经估算，若本层作为音乐厅移位后的天然地基，总沉降量较大，不能满足规范要求，因此，考虑使用桩基础。

2) 桩基

第⑤层根据土性可分为⑤$_1$、⑤$_2$、⑤$_3$三个亚层。

第⑤$_1$层灰色粉质黏土层厚3.70～4.04m，流塑，夹薄层粉砂，在场地内遍布。该层大多为低强度、高压缩性软弱土层，不宜作为桩基持力层。

地基土层分布表　　　　　表 2-2

土层编号	地基土类别	层厚(m)	备注
第①层	杂填土	1.30～1.57	杂色松散,由碎石、煤渣及黏性土混合而成,不宜作为天然地基持力层
第②层	粉质黏土	1.20～2.00	可塑,层底标高-0.030～-0.590m,含氧化铁锈斑,上部褐黄,下部灰黄色。不宜作为天然地基持力层,但经加固可作为平移过程中的天然地基持力层
第③层	灰色淤泥质粉质黏土		此两层为本工程天然地基软弱下卧层和主要压缩层
第④层	灰色淤泥质黏土		

第⑤$_2$层灰色粉质黏土层厚 5.80～6.4m,层顶埋深 21.0～21.5m,稍中密,含云母,砂性较重,在场地内遍布。该层可作为本工程沿途移位中的桩基持力层,也可作为移位后建筑物的桩基持力层。

第⑤$_3$层灰色粉质黏土层厚大于 28m,可塑,夹较多粉砂,在场地内遍布。可作为本工程的桩基持力层。

(3) 地下水情况

地下水埋深 0.5m,pH 值为 7 左右,对混凝土无腐蚀性。

(4) 场地地震效应

本场地属Ⅳ类场地,地震基本烈度为 7 度。场地浅层 20m 以上范围未发现饱和砂质粉土和砂土,不考虑地基土液化问题。

2.4.1.5　上海音乐厅顶升和移位工程的特点和难点[1][3~4]

上海音乐厅顶升和移位工程与同类工程相比,具有如下特点和难点：

(1) 占地面积广、体量大,结构跨度大,空间刚度差,结构较为复杂,特别是二层楼座的跨度和结构形式为国内同类建筑物所少见。属大跨度、高空间结构,且自重大,两侧基础荷载非常集中。

(2) 平面荷重分布极不规则,墙、柱布置不对正,使滑梁设计增加了难度。

(3) 使用年限较长,混凝土强度较低。柱的检测强度只有6.3~13.2MPa,局部结构已经开裂或变形,为加固带来困难。

(4) 原始设计资料残缺不全,上部结构布置形式及受力状况不明。且已在使用期间经多次翻修或技术改造,结构形式及受力状况变动较大,需进一步查找资料或现场调查。

(5) 结构现状不清晰,传力路线不明确,结构构件安全度不一致,不可预知因素多。

(6) 因其为保护性建筑,建筑艺术要求高,保护要求严,平移过程中不能损坏原有风貌,这又为平移前的加固增加了相当难度。

(7) 如此建筑风格和结构类型的建筑物整体顶升3.38m,移位66.46m,在国内属首例,国外亦少见。

2.4.2 上海音乐厅移位路线地基的加固[1][3~4][7]

根据上海音乐厅工程地质勘探报告,上海音乐厅移位工程需对该工程平移路线的地基进行加固。其具体加固方法是,在上海音乐厅移位的下滑道下,研究设计施工一定数量的静压钢筋混凝土方桩。

研究设计施工静压钢筋混凝土方桩时,需考虑下列因素:

1) 室内滑道与室外滑道下地基土密实度不同,各滑道间存在荷载不对称,应设法采取措施抵消由此产生的不均匀沉降。

2) 下滑道梁的断面尺寸(梁高、梁宽)。

3) 滑移集中荷载下的沉降值控制在10mm以内。

在上海音乐厅顶升和移位工程平移路线地基的加固中,累计设计施工长22m、单桩承载力300~500kN的静压钢筋混凝土方桩1164根。

2.4.3 上海音乐厅移位滑道的设计与施工[1][3~4]

上海音乐厅移位滑道的设计与施工是上海音乐厅进行整体移位的基础，其主要用于承受滑动面以上的全部动、静荷载以及指明上海音乐厅整体移位、前进的方向。

上海音乐厅移位滑道由上滑道和下滑道共同组成。移位的上滑道，在该工程的总体研究设计时，已将其布设于音乐厅的整体托换体系中。这里主要介绍一下上海音乐厅移位工程的下滑道的设计与施工情况。

（1）上海音乐厅移位的下滑道布置原则

1）移位的下滑道的布置，需与上海音乐厅整体迁移路线相适应；与建筑物的荷载分布相适应；与柱子的平面布置相适应，尽可能不与柱子相冲突。

2）移位的下滑道尽量利用原有基础，根据需要进行补强，但应使原基础不削弱其下滑道的有效断面，以提高其整体刚度和强度。

3）移位的下滑道的标高，需结合上海音乐厅原基础埋深、新址地下室标高、地基承载力情况及其上滑道情况综合考虑。

4）移位的下滑道布置，应尽量减少对现有结构、装饰的破坏。

（2）上海音乐厅移位的下滑道布置

通过分析研究，上海音乐厅移位的下滑道布置了10条。其场景如图2-10~图2-12所示。

（3）基槽开挖

在上海音乐厅的室内，采用了人工开挖方式开挖基槽，且开挖时间隔对称进行，对挖开的墙洞需及时封堵。在上海音乐厅的室外，采用了机械开挖方式开挖基槽，人工配合清底。四周设排水沟及集水坑，以便及时排出地表及地下水，四周地面设截水沟以截断地表水。此外，室外开挖基槽时，还采取了放

图 2-10　上海音乐厅顶升和移位时采用的下滑道外景之一

图 2-11　上海音乐厅顶升和移位时采用的下滑道外景之二

图 2-12　上海音乐厅顶升和移位时采用的下滑道外景之三

坡开挖的方法。但当施工条件狭窄不宜放坡时，则采取一定的支护方法，以确保邻近建筑物的安全。

（4）上海音乐厅移位的下滑道的施工建设

在上海音乐厅移位的下滑道的施工建设时，应采取科学的方式进行，以避免出现不均匀沉降或墙、柱局部失稳。且对下滑道与原老基础结合处要做特殊处理。

由于轨道的平整是建筑物移位行走的关键，滑动面标高和平整度需严格控制，对分段连接的钢板的接头不得错牙，并打磨平整光滑；滑道相对水平误差应控制在一定的范围内。此外，在建筑物移位前需对下轨道梁进行验算、加固、修整和找平。

2.4.4 上海音乐厅结构加固

上海音乐厅的加固基于以下两点：一是结构本体需要加固；二是因顶升和移位施工所需要的加固。

在对上海音乐厅加固时，需尽量保持建筑物的原状，并与移位后的永久加固结合起来考虑，尽量降低加固的总成本。重点加固部位依据《上海音乐厅房屋质量检测报告》和现场调查情况及施工经验确定。

2.4.4.1 上海音乐厅本体加固

由于上海音乐厅已经使用长达72年，材料已经老化，结构强度明显降低，混凝土碳化程度较深，柱混凝土的检测强度只有6.3~13.2MPa。为确保平移过程中结构安全，必须对结构本体进行加固，加固设计方案应该认真研究。加固场景如图2-13、图2-14所示。

关于上海音乐厅的柱子，设计采用钢筋混凝土附柱进行加固。附柱采用两面包柱、三面包柱等形式，各柱根据具体位置及外包装饰情况确定采用的形式。

由于上海音乐厅的墙体与柱未发现有可靠连接，为避免顶升和移位时墙体失稳或开裂，应对其进行加固。部分墙体加固状况如图2-15所示。

关于上海音乐厅的两端出现裂缝的屋架内20号、30号柱间的连系梁，出现开裂现象的屋架内2号、7号东上弦木、6

图 2-13 上海音乐厅的结构本体外部加固

图 2-14 上海音乐厅老柱子的加固

号西上弦木、3 号东下弦木等处,也需要设计方案进行加固。

2.4.4.2 上海音乐厅空间加固

由于上海音乐厅体量大,结构空旷,有较多错层,空间刚度较差,尤其是观众厅(图 2-6 中Ⓐ~Ⓛ轴及⑪~⑯轴部分),梁柱之间缺少拉结,舞台部分柱子自由度较大,稳定性差。如不进行必要的加固,则可能会因结构的局部破坏而引起整座建筑物的破坏。

图 2-15　上海音乐厅墙体加固

为了保证结构的安全，提高上海音乐厅的整体稳定性，研究设计了重点加固部位，改善原有结构的受力状态，增加上海音乐厅整体稳定性及整体刚度。上海音乐厅空间结构的加固场景如图 2-16 所示。

图 2-16　上海音乐厅空间结构的加固场景

2.4.5　上海音乐厅上滑道及托换体系的建立[1][3~4]

上海音乐厅顶升和移位的上滑道及托换体系的建立，主要包括上滑道及其连系梁、抱柱梁及其连系梁、夹墙梁及其连系

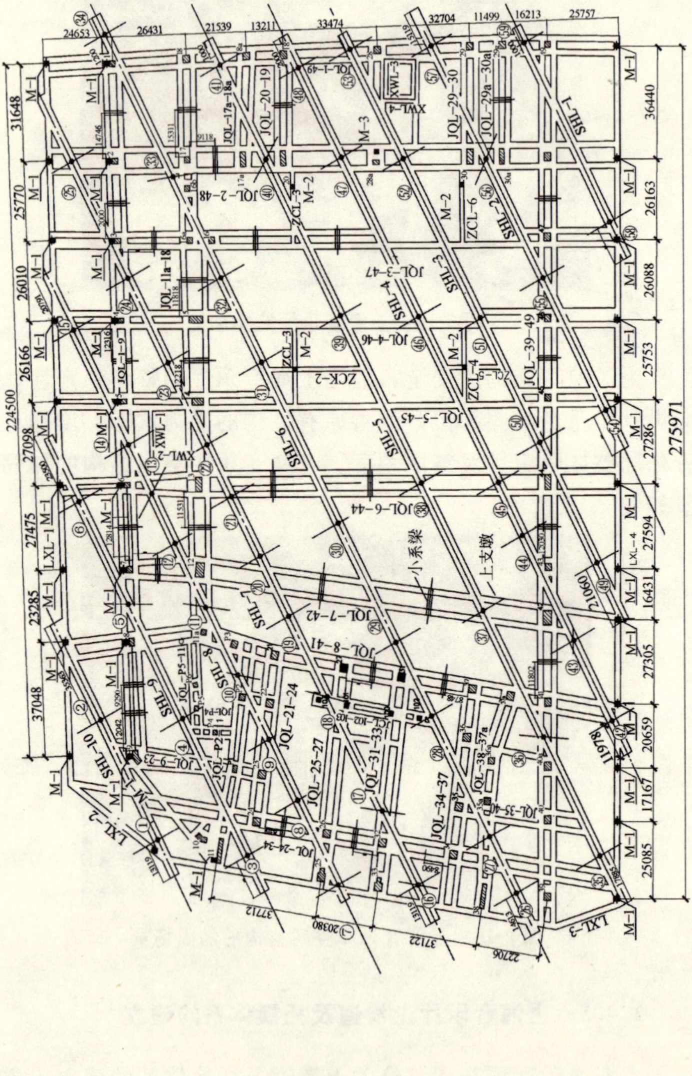

图 2-17 上滑道平面布置图

梁、楼梯抬梁等的建立。托换梁系直接承受移位及顶升施工的外加荷载，其需具有足够的强度、刚度和稳定性。

2.4.5.1 上滑道的设计与施工

上海音乐厅顶升和移位的上滑道通过滑块直接支承于下滑道上，用来承受夹墙梁和连系梁等传来的上部荷载。经研究设计，上海音乐厅顶升和移位的上滑道按双肢布置（图 2-17），每肢设计合理的宽度，顶面不高于室内地坪。图 2-18 为上海音乐厅顶升和移位的上滑道施工情景。

图 2-18 上海音乐厅顶升和移位的上滑道施工

2.4.5.2 抱柱梁系

钢筋混凝土柱在各种荷载作用下，具有一定的安全度，但由于混凝土强度太低（6.3～13.2MPa）时，抱柱节点必须进行特殊处理。上海音乐厅顶升和移位工程施工设计时，对该类节点进行了仔细验算，并根据每根柱的不同荷载确定不同的施工方法。施工需注意以下几点：

1）施工时各柱位相间进行，相邻柱不同时处理。

2）当原混凝土柱保护层凿除后，应立即进行外包钢筋混凝土的施工。

3）施工设计需综合考虑正截面的的受弯承载力、局部抗压强度及周边的抗冲切强度。

2.4.5.3 夹墙梁系

采用夹墙梁及小系梁对砖墙进行托换，夹墙梁布置在墙体两侧，相互之间通过小系梁连接，主要用于墙体切断之后承托墙体重量。

2.4.6 墙与柱的切割[1][3~4]

当上海音乐厅顶升和移位工程滑动面以上所有的混凝土结构达到设计强度后，即可对该滑动面上的柱和墙体进行切割，使建筑物的荷载全部转换到上滑道上。切割在建筑物顶升和移位前进行。

上海音乐厅柱子的切割，是采用瑞士设备——钻石钢线切割机来完成。该设备的特点是切割速度快、无震动、噪声低。

由于钻石钢线条锯柔性很好，只需要很小的空间就可以绕到柱子上，然后通过接头连成闭合环，缠绕在动力导向环上，通过动力导向轮的高速旋转，柱子即可很快切断。

上海音乐厅柱子的切割工艺流程为，切割定位→定位导向轮的安装→切割→切割过程同步监控。切割时，应间隔对称进行，并密切观测抱柱梁与柱之间是否有位移、建筑物有无沉降、倾斜等情况，密切监测基础梁及滑动支座的受力变形情况。

2.4.7 上海音乐厅的顶升和移位[1][3~4]

2.4.7.1 摩擦面与液压承载系统

上海音乐厅顶升移位的摩擦面由四氟板与钢板组成，液压承载系统由滑动支座和计算机控制的液压油缸组成。

（1）摩擦面

摩擦面采用四氟板对下滑道钢板，四氟板复合在滑动支座上，如图 2-19 所示。

图 2-19 上海音乐厅顶升和移位的摩擦面

1）聚四氟乙烯板材性质

聚四氟乙烯板，是将聚四氟乙烯树脂在常温下用模压法成型后，再经高温烧结而成的。可用作机械、桥梁、水闸等方面的减摩性部件。

四氟板对钢的摩擦系数与介质温度、荷载启动及滑动状态、滑动速度、磨损情况、滑道表面光滑状态、有无润滑剂等因素有关。一般在 0.005～0.14 范围内变化。试验研究表明有以下特点：

（A）一般启动时克服的静摩擦系数为正常滑动时的动摩擦系数的 1.1～1.5 倍；

（B）表面光洁度越大，摩擦系数越小；

（C）四氟板与滑道之间涂以润滑剂（如矿物油脂等）可使摩擦系数降低；

（D）摩擦系数随单位压力增加而减小，随温度降低而增大。

根据实验资料，动摩擦系数取 0.06，静摩擦系数取 0.080。施工时为降低摩擦系数，在四氟板表面涂硅脂。

2）滑动支座的布置

滑动支座由钢板、橡胶叠合而成，表面覆四氟板。为适应上海音乐厅顶升到中间址后平移的需要，将滑块布置于上滑道节点位置，如图 2-20 所示。滑动支座的厚度需经认真研究设计，其大小根据各点所承受的荷载确定。

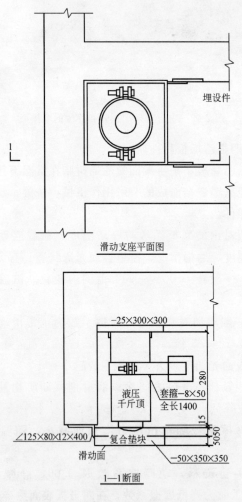

图 2-20 滑动支座布置平面图与断面图

3) 滑动支座的固定

滑动支座顶面粘贴一定厚度的钢板，以分配油缸传来的荷载。顶面与油缸活塞间自由，四边通过角钢固定于上滑道，下滑道传来的水平剪力由角钢平衡。

(2) 液压承载系统

为使上海音乐厅在顶升和移位过程中支座内力可控，在滑动支座上安装计算机控制的液压油缸。

1) 油缸布置

上海音乐厅的支承油缸，即顶升时的油缸。根据油缸在建筑物平移时的功能，将其全部布置在滑动支座上。由于建筑物边缘的滑道及建筑物内空旷部分荷载较小，研究选择部分滑动支座设置油缸，共在 59 个节点布置油缸（图 2-21）。

图 2-21 顶升上海音乐厅的油缸布置

2) 油缸固定及调整

油缸倒置于滑动支座上，且高出滑梁底面一定尺寸。缸身嵌固于上滑道节点处，不发生任何方向的位移，活塞可以自由伸缩，伸出初值设为零。在正常情况下，油缸处于锁死状态，当不均匀沉降及内力变化幅值超出预警值时，通过液压油缸对其进行调整，调整方式首先选用负荷顶升，应尽量避免负荷下降。

3) 油缸选型

油缸的选型依以下原则进行：

（A）液压承载系统装置的安全性；

（B）各支撑点的荷重及结构刚度；

（C）顶升时的行程要求；

（D）总顶升动力考虑1.88倍的安全系数。

油缸选用同一种型号，负载能力为1000kN，行程50mm。上海音乐厅建筑总量约54000kN，总顶升动力为120000kN，显然满足动力安全储备要求。

2.4.7.2 计算机液压控制系统的布置

计算机液压控制系统，包括竖向液压承载系统及水平顶推控制系统。

(1) 液压泵站的布置

根据采用的油缸种类和数量，以及要求位移速度来布置液压泵站。液压泵站（图2-22）的布置应遵循以下的原则：

图2-22 上海音乐厅顶升和移位的液压泵站

1) 泵站提供的动力应能保证一定的位移速度；
2) 就近布置，缩短油管管路；

3）提高泵站的利用效率。

（2）计算机控制系统的布置

1）传感器的布置

在每一组顶升点中，选择一台油缸安装一个位移传感器；在每台油缸上安装压力传感器；将各种传感器同各自的通讯模块连接。

2）现场实时网络站控制系统的连接

从计算机控制柜引出比例阀通讯线、电磁阀通讯线、油缸信号通讯线、工作电源线。通过比例阀通讯线、电磁阀通讯线将所有泵站联网；通过油缸信号通讯线将所有油缸信号盒通讯模块联网；通过油缸信号通讯线将所有激光信号通讯模块、A/D通讯模块联网。此外，通过电源线将所有的模块电源线连接。

2.4.7.3 顶升工艺

顶升工艺流程如图2-23所示。顶升前应安设位移传感器、油泵等，调试顶升设备及计算机控制系统。

每一顶程设定为50mm，一个顶程结束后即在油缸两侧加设钢筋混凝土垫块，然后缩缸，在油缸下加钢筋混凝土垫块并再次顶升。垫块与基础之间、垫块与垫块之间均通过法兰螺栓进行可靠连接。重复油缸缩缸、加垫块、顶升等步骤，当顶升累计高度达到设计高度后，支设好支墩，撤掉油缸及临时支撑。

2.4.8 上海音乐厅顶升移位的控制技术[1][3~4][9]

在房屋建筑顶升和移位过程中，由于设备安装、施工水平、控制精度及控制手段的差异，房屋建筑实际移动的轨迹与理论轨迹线往往存在一定偏差，对这种偏差如果不加以限制或纠正，往往会影响移位的顺利进行，甚至危及到建筑物的安全。移位偏差包括姿态偏差和位置偏差。在上海音乐厅移位

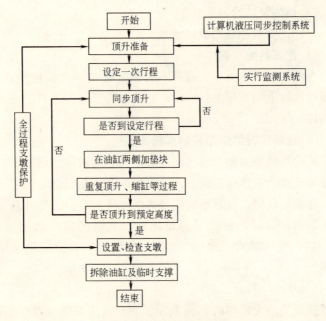

图 2-23 顶升工艺流程图

过程中通过控制系统调整各组千斤顶的推力大小(给油量)来进行姿态纠偏,而位置偏差一般借助于导向装置进行调整。

上海音乐厅总体迁移方案为:先在原址第一次 1.7m 的顶升,然后平移 66.46m 到达新址,最后再顶升 1.68m。上海音乐厅在顶升和移位过程中,无论产生何种偏差,靠液压系统本身很难进行纠偏。由于上海音乐厅在新址增加了两层地下室,迁移全部结束后需进行新老墙柱的对接,经顶升和移位后的上海音乐厅的就位精度将直接影响到柱子的对接能否顺利进行。因此,上海音乐厅在顶升和移位中研究设置限位装置是非常必要的。

2.4.8.1 上海音乐厅的第一次顶升限位

上海音乐厅在进行第一次顶升时,在图示 A、B 两处研究设置两个钢结构限位柱（图 2-24），限位柱通过预埋件锚固于顶升筏板基础内。经核算，在两个限位柱共同作用下，沿房屋纵向可抵抗不少于 1500kN 的水平力，沿横向可抵抗不少于 2000kN 的水平力。

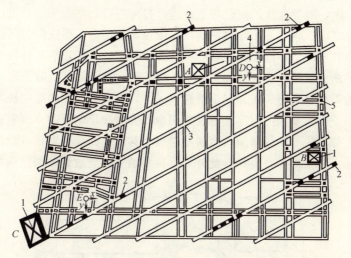

图 2-24　限位分布示意图
1—限位柱；2—导向块；3—托盘梁；4—水平位移光栅尺；5—原有柱

限位柱与限位梁间留有一定的空隙，即限位梁和限位柱均不破坏且不变形的情况下，上海音乐厅的最大允许水平位移不超过 10mm。

上海音乐厅顶升限位的效果与限位的数量有关。当只有一个限位时，可能产生的偏转会明显增加，而如果设置三个限位，可能发生的偏转量会明显变小。

上海音乐厅顶升限位的效果与限位的位置也有关系。限位应尽可能分散在托盘的四周并形成一个几何不变体。此外，限位的效果还和限位结构的施工质量有直接关系，只有当限位柱和限位梁的垂直度、平整度以及限位柱和限位梁间的空隙能够满足设计要求时，限位才能更好发挥作用。

2.4.8.2 上海音乐厅的平移限位

上海音乐厅进行平移时，在上滑梁上设置一定数量的导向块（图 2-25、图 2-26），而在下滑梁上设置一定数量的限位墩，导向块每侧与限位墩间留一定的空隙，两者的关系如图 2-25 所示。对导向块的间距和数量进行排列组合，使在平移时可以保证前后各有一个导向块始终在限位墩范围内，即任何时间房屋在平面上都处于受限状态。这种限位可以保证在平移过程中的最大横移不超过 20mm，而且在需要的时候可以随时采取方法对横移进行纠正。根据横移量大小，在偏移一侧的导向块与限位墩间塞入一定厚度的楔形钢板，并使楔形钢板的一端紧靠在导向块与限位墩间，当房屋继续平移时，此楔形钢板可以诱导上滑梁向中线靠拢。此外，也可用前后重叠放置的两层钢板

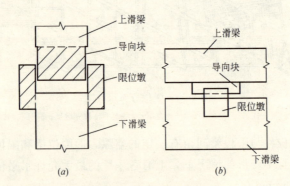

图 2-25 平移限位示意图
(a) 正立面；(b) 侧立面

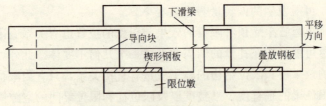

图 2-26 横移纠正示意图

代替楔形钢板，也能起到纠偏作用。

2.4.8.3 上海音乐厅的第二次顶升限位

上海音乐厅第二次顶升时，为避免出现较大的水平偏移，增加了限位柱的数量。在室外 C 处增加一个抱箍式限位柱（图2-24），并通过在限位柱和限位梁间增加钢板、进行灌浆等措施，将限位柱与限位梁在各个方向的空隙均匀调整在一定范围内；同时，要求调整限位柱的垂直度和表面平整度，将垂直度、平整度均调整在较小的范围内；增设水平位移自动监测系统，如限位分布示意图所示（图2-24），在房屋的 D 点和 E 点分别安装互相垂直的水平光栅尺，分别监测在顶升过程中 x 向和 y 向的水平位移，监测数据可以在总控室的显示屏上实时显示，当这一数据接近设定范围时，可以采取措施限制这一偏差继续发展。同时在纵横向设置两台经纬仪监测水平位移量，将该数据与光栅尺监测数据进行对比复核。

在上海音乐厅顶升和移位工程中，通过科学地研究应用了限位装置，有效地控制了上海音乐厅顶升和移位的精度。

参 考 文 献

[1] 仇圣华等.《上海音乐厅顶升和移位成套技术研究》项目研究报告. 上海市住安建设发展股份有限公司，2004-12

[2] 郑华奇，蓝戊己. 刘长胜故居整体平移工程的设计与施工. 建筑技术，2003，34（6）：414～416

[3] 上海联圣建筑工程有限公司. 上海音乐厅整体迁移工程施工方案，2002-9

[4] 上海联圣建筑工程有限公司. 上海音乐厅整体迁移工程施工技术方案，2002-11

[5] 陈仲颐，叶书麟主编. 基础工程学. 北京：中国建筑工业出版社，1995

[6] 叶书麟，韩杰，叶观宝主编．地基处理与托换技术．北京：中国建筑工业出版社，1995
[7] 上海联圣建筑工程有限公司．上海音乐厅整体迁移工程地基基础施工技术方案，2002-12
[8] 上海市房屋检测中心．上海音乐厅房屋检测报告，2002-9
[9] 郑华奇，蓝戊己，朱启华．上海音乐厅整体迁移限位技术的研究与应用．施工技术，2004，33（2）：9～11

第3章 既有桥梁结构升降控制技术

3.1 概　　述

既有桥梁结构升降控制技术是利用旧桥桥墩建立支承系统，在支撑体系上搭设顶升（降）支架和液压顶升（降）系统，将盖梁支撑牢固，后截除立柱，解除盖梁的垂直约束和水平约束，用液压顶升（降）系统同步将盖梁及其上的桥面系按顺序小幅度的升（降）至设计标高，按上立柱，最后拆除顶升（降）体系。

目前，在已修建的桥梁中，不管是采用预制装配还是整体现浇，上部结构基本上是由 T 形梁、工字梁、空心板、实心板、小箱梁组成。使用多年后，随着现代城市道路交通流量的增大，需要改建。旧桥完全重新建设往往工程量大，而且费用较多，这时就可以采用桥梁结构升降控制技术。这项技术的升降工艺设计包括支撑体系的设计和液压体系的设计，其中支撑体系是整个桥面升降技术的关键。还要采用合理的整体升降施工以及完善的监测体系，来保证这项技术的顺利实施。

既有桥梁结构升降控制技术具有许多优点，可以使旧桥结构继续发挥作用，又能满足新规范的设计要求。这项技术的施工工期较短，工程总投资与重新修建新桥相比较小，符合经济性的原则。

既有桥梁结构升降控制技术具有工期短、投资小等特点，已成为世界各国旧桥梁改造建设中的一项主要方法。国外在这方面发展较快,施工工艺较完善,已被广泛采用。近十几年来,由于交通运输迅速发展,我国已开始大规模采用这项技术进行旧桥梁的改造建设[1~2]。

本章主要介绍已建桥梁结构升降控制技术。首先阐述升降工艺的设计,包括支撑体系的设计以及液压体系的设计;接着分析了桥梁升(降)体系的计算原理;以及桥梁整体升降的施工、监测体系设计要注意的问题;最后结合上海的两个具体的工程实例进一步阐明这项技术。

3.2 升降工艺的设计

3.2.1 支撑体系的设计

支撑体系的建立是桥面整体升(降)的关键,是整个升降桥体系的着力点,也是工程造价和施工安全的关键所在。

顶升(降)支撑体系既能顶升(降)盖梁,又能顶升(降)梁体。顶升支撑形式多种多样,但它的支撑平台通常只有以下两种。

3.2.1.1 支架型

在原老桥承台的基础上或两边做扩大基础,扩大基础顶面预埋钢板。支撑体系的主体采用数根钢管(经验算所得),钢管与地梁上的预埋钢板焊接固定。钢管上部设置扁担梁,扁担梁上部再设置上、下横梁各一根。整个支撑体系通过型钢联系杆及剪刀撑连成一个整体。整个顶升支撑体系主要由地梁、支撑杆、扁担梁、千斤顶、上横梁、下横梁等组成。

扩大基础是顶升过程中承受整个支撑体系荷载的关键,并将荷载传递至原桥墩的承台上。

支撑杆是根据每只桥墩处顶力的大小来设置的,支承杆可选用大型基坑施工所用的钢管,并在两端设置法兰,支承杆的布置按上下横梁的设置位置及立柱接高施工操作所必须的空间而确定。钢管与扩大基础用预埋钢板焊接固定，钢支承杆顶部设转接盘与扁担梁连接，并用薄板钢调整垫块及两块钢锲板微调支撑高度。钢管支撑之间设置剪刀支撑，纵向和横向相邻支撑杆的上端用槽钢联系杆连成整体。盖梁顶升过程中用钢支撑的 100mm、200mm、300mm 两端带法兰的钢管替换接高。钢管法兰的螺栓孔要同心轴。

扁担梁由型钢组合成箱梁，用于挑起盖梁，盖梁与钢箱梁的支承点设一层多层夹板。

每根扁担梁下配置千斤顶，千斤顶与相邻支承杆用连系杆连成整体。

沿盖梁的两侧铺两根下横梁搁置扁担梁上，下横梁与支撑杆位于同一铅垂线。下横梁由 H 型钢加两块腹板组合而成，

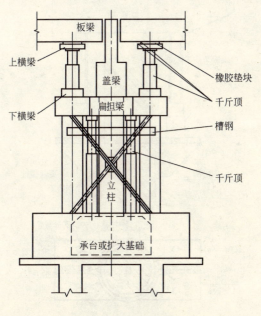

图 3-1　支撑体系断面图

每根下横梁上设置数个千斤顶。千斤顶上再搁一根上横梁。如原桥面是有横坡的，上横梁的顶部加工成与桥面一样的横坡。具体支撑的布置，如图 3-1 所示。

3.2.1.2 抱箍型

利用现有的桩柱在其上设钢抱箍作支撑是一种既快又省的方法。但这种方法有一定的局限性，一般柱的形式最好为圆柱形，而且支撑的垂直力不能很大。

具体作法就是在桩与立柱直径变化处（即桩肩位置），将两片半圆形钢抱箍用高强螺栓连接销紧，抱箍侧面焊接法兰（肋板），顺法兰方向焊接支承平台，并在桩肩位置加焊"⌐"型抗剪钢板（剪力键），以使抱箍与支承平台更加紧密的焊连为一体，以桩肩为依托，构成强有力的支承体系，利用抱箍与

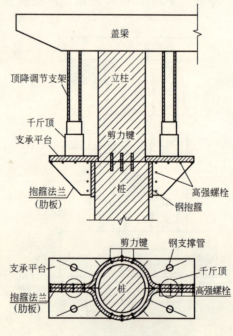

图 3-2　支承体系结构示意图

桩间摩阻力及桩肩的竖向正应力共同抵抗竖向荷载。具体支承体系结构如图 3-2 所示。

支承底座平台安装完毕后，在底座平台上架设钢支撑和顶降调节支架。钢管支撑的作用是临时顶住盖梁，以便抽换千斤顶至下一盖梁下进行循环作业。如千斤顶数量足够，不需循环作业，则钢管支撑临时顶住盖梁，可让千斤顶行程归零，进入下一轮顶升（降）。在每立柱周围放置四根钢管支撑，相互连接，成为一体，增强支撑的横向整体性，防止因受压失稳而倾覆。在钢管支撑之间，横桥向在每立柱两侧各设置一台千斤顶，在千斤顶上设顶升（降）调节支架。为便于下降时置换，钢管支撑和调节支架分节安装，其高度成模数化设计，这样既便于制作，又最大限度地保持支架竖向整体性，同时又与每次升降高度相适应。

以上支撑体系的所有钢构件尺寸，均应根据现状桥梁上部荷载自重计算，并进行所有项目的验算，且充分计入安全系数，留有余地，以免顶升（降）不同步而引起荷载增加。

3.2.2 液压体系的设计

桥梁整体顶升（降）技术的关键在于其上部结构的整体性同步顶升（降）。液压体系目前有两种形式。一种是计算机控制。可以全自动完成同步位移，实现力和位移的控制、位移误差的控制、行程的控制、负载压力的控制；还具有误操作自动保护、过程显示、故障报警、紧急停止功能。其中油缸液控单向阀可防止任何形式的系统及管路失压，从而保证负载有效支撑等多种功能。这种方法成本较高，但使用方便，精度也比较高。另一种是人工控制。这种方法成本较低，结构简单，使用也较方便，也能及时反映顶升过程任何环节所处的状态。以下介绍人工控制方法。

液压系统的主要设备包括液压动力站、千斤顶、压力表、手控阀、标尺、高压油管等附件。

  首先对盖梁进行顶升（降），分别对所用的千斤顶进行编号（用千斤顶使用前测试的编号），然后对千斤顶进行编组，以每个立柱的四台千斤顶为一组。在顶升时，由于荷载不均匀，可能会引起油缸顶速不一致，若千斤顶同步顶升则顶力又不能相等，对盖梁的受力状态不利。为确保顶升时盖梁、板梁符合质量和安全的要求，采用人工控制的方法调整顶升参数，以较慢的速度顶升。在每台千斤顶供油管上安装压力表及手控阀；每组千斤顶也装手控阀；每台千斤顶装行程标尺。这样，千斤顶的压力表的读数可反映出千斤顶的荷载；每台千斤顶的行程标尺读数可反映出千斤顶的顶程。

  顶升前，检查各液压管路、接头、阀门及辅助设施，确保全部正常后，再开始由液压动力站向千斤顶供油，供油压力达到理论计算压力值的85%时停止对千斤顶供油；再次进行全面检查，尤其是各压力表上的数值是否相同（如有不同立即调整），若全部正常，继续对千斤顶供油；控制流量慢慢地增加，压力随之上升，同时观测千斤顶的行程标尺，直到其中有一台千斤顶升至3mm时，立即停止对千斤顶供油，关闭所有阀门，由每台千斤顶的压力表读数反映出千斤顶的荷载；再用手控阀调整到各个千斤顶全都上升至3mm，继续对千斤顶供油后，与前面所述一样，手控阀进行3mm调整；经过多次调整后，使每台千斤顶上升速度基本相同，可增加顶升的速度，每顶50mm停下检查，测量，直到顶升220mm停止。这时安装钢管立柱短接头200mm，然后使千斤顶回油，也是以很慢的速度使千斤顶回缩，让扁担梁又重新落到增高的钢管立柱上；千斤顶继续回缩，直到所有的千斤顶顶端离开扁担梁后，再对千斤顶进行供油顶升，这样可以克服由于桥面纵坡而引起千斤顶在顶升过程中逐步变为不垂直，经过修正千斤顶对扁担梁的顶力点，而保持千斤顶基本上处于垂直状态下工作。

盖梁顶升至超过标高 2cm 后停止顶升，安装好钢管立柱到设计标高，再回缩千斤顶，让扁担梁回落在钢管立柱上。静止 24h 后测量标高，如与设计有误差，再次顶起盖梁，用钢垫块、钢楔块进行调整，直到达到设计要求为止。

当一端桥墩顶升时，另一端桥墩应处于支撑下的稳定状态，两端交替进行顶升，桥墩两端不可同时顶升。

板梁顶升时，桥面上一跨板梁与桥面铺装层同时顶升。首先对千斤顶编号分组，理论上计算千斤顶可以同步顶升。但考虑到油管的长短、千斤顶的自身误差、各个顶力点的载荷不同等因素，在每组千斤顶的液压管路中安装手控阀、压力表，并且在每台千斤顶上也分别安装手控阀及行程标尺。

顶升开始时，对每组千斤顶供油，流量、压力缓慢地增加，将压力顶升到计算值的 85% 时，停止供油，关闭阀门，检查各个部位全部正常再对千斤顶供油，观察标尺，只要有一台千斤顶上升 3mm 时立刻停止供油，通过手控阀进行调整。与顶盖梁的方法一样，直到一组千斤顶上升速度基本相同时，才开始整体顶升，以 3mm/min 速度顶升，顶升到 50mm 停一下，静态下观测顶升值，若有不同，即作调整，顶升到规定标高停止顶升。由另一台液压动力站对另一组千斤顶供油顶升，顶升方法与第一组相同。直到顶升到原制定的标高，进行钢支撑的安装，更换板梁下的橡胶支座。回缩千斤顶时也是以很慢的速度进行的，直到板梁全部回落到橡胶支座上为止。

3.3 桥梁整体升降施工

3.3.1 桥梁整体升降施工工艺流程

桥梁整体升降施工的工艺流程如图 3-3 所示。

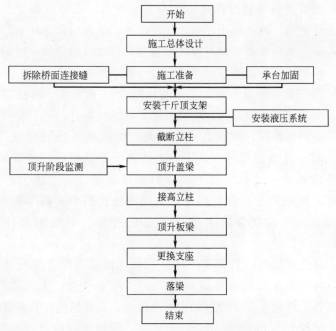

图 3-3 升降施工工艺流程图

3.3.2 升降施工

升降顺序为先顶升盖梁，再顶升板梁调换支座。

支承体系和液压体系建立并调试、测试好后，即可切割立柱。立柱采用钢筋混凝土钻石钢线切割机，切割之前钢支管及扁担梁需托起盖梁，并将液压千斤顶加压至顶紧扁担梁为宜，钻石钢线切入立柱后，用铁楔打进切割缝中，以免钢线被卡及立柱下沉。采用钢筋混凝土钻石钢线切割机切割，每根立柱的切割只需 1.5~2.5h，具有体积轻巧、切割速度快、切割能力强的特点，切割时采用水冷却，无施工粉尘，无噪声，切口平整。

为使盖梁顶升能平稳安全顶起，每阶段顶升初期千斤顶进油时间按 30s、30s、1min、1min、30s、2min……逐步顶升，特别是顶升初始阶段以 30s、30s 的间隔同步调整一组千斤顶。

当盖梁顶升至设计标高时，按桥面标高及每根盖梁的支承点相对高差的控制值，来调整支承杆的最后节高的实际高度，并用薄钢板及楔形钢板衬垫垫实，使扁担梁全部均匀支承在支撑杆上，观测 24h，待盖梁及桥面高程稳定后，扁担梁与支承杆焊接固定。支撑系统全部加固完毕后，即可进行立柱更新接点，具体施工方案如下所述。

根据现有立柱焊接所需长度，在原立柱截断处上、下端允许长度范围内，均须将原立柱混凝土凿除，露出原立柱的竖向主筋。施工中下端立柱混凝土全部拆除，为便于混凝土浇筑密实，上端的原立柱混凝土按图 3-4 中阴影部分保留，露出所有主钢筋。原立柱的新旧混凝土结合部分表面凿毛，以便于新旧混凝土的连接。混凝土拆除后，须用水清洗，不得留有灰尘及杂物。

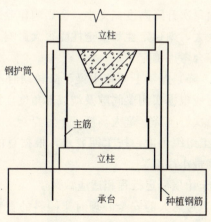

图 3-4 立柱接高示意图

根据设计图纸，接高立柱部分应采用与原立柱同规格等数量的竖向主筋和加箍箍筋。竖向接高主筋与立柱两端露出部分的主筋，采用双面电焊。考虑由于盖梁顶升后会产生纵向位移而使立柱偏心，需采取加固措施，即在原立柱外侧种植φ16@150的竖向钢筋，种植深度为48cm，外侧并加钢护筒。钢护筒高度以立柱切割线以上50cm为原则。

接高立柱混凝土采用与原立柱同标号的膨胀混凝土，在混凝土浇筑过程中须分层振捣密实。通过混凝土用量，推算出浇筑混凝土高度，每隔30cm左右一层，须振捣密实后，方可继续浇筑。接高立柱施工完成后，须做好养护工作。

当混凝土达到设计强度时，开始安装上下横梁，准备板梁顶升，调换支座，一跨板梁两端同步顶升（降）。安放支座前，盖梁上先铺一层有一定稠度的环氧砂浆，固结时间控制在6h左右，依靠板梁的自重来压实支座下的空隙。支座安放完后，落梁并开始拆除顶升（降）系统和支承系统。

3.3.3 升降施工措施

(1) 桥面每次升降高度如太小，会影响作业效率，增加劳动强度；如太大，则稳定性和安全性受很大影响。升降距离根据以下因素综合考虑确定。

1) 以升（降）盖梁上两跨主梁下降转动时不发生碰撞为条件，计算时应根据实测梁间隙及端成形角度，同时考虑纵向稳定，确定每次升（降）最大高度。

2) 从施工组织角度，按工期要求，根据总的循环次数来确定每次升降最小高度。

3) 要与千斤顶额定行程相适应。

4) 应适当考虑人的安全心理对梁倾斜的直观感受，一般每次下降15～30cm为宜。

(2) 当立柱切断后，桥面全部重量由顶降系统的钢管支撑，理论上处于不稳定的机动状态。在多次循环顶降过程中，盖梁易产生纵桥向和横桥向的偏位；因盖梁下缘的千斤顶为单点支承，当盖梁上缘上部荷载的等效合力与千斤顶不在同一条力线上时，盖梁将在竖向平面内产生转动。防止以上情况的措施如下：

1) 为防止桥纵向偏位，每次升降高度不宜太大，一般控制在 15～30cm，宜取小值。

2) 为防止桥横向偏位，应确保同一盖梁下的所有千斤顶在同一轴线上并同时升降。在立柱外侧配以标尺，用水准仪正确读出盖梁实际升降高度并及时调整。

3) 应根据上部荷载大小及支座位置，通过计算确定千斤顶支点位置，并经试顶观察盖梁是否转动，可用经纬仪检测立柱的垂直度来确认。

3.4 监测体系设计

盖梁顶升过程是一个动态过程，随着盖梁的提升，盖梁的纵向偏差、立柱倾斜率、伸缩缝处的板梁间隙等会发生较大变化，盖梁的各支承点的相对高差变化使盖梁受力状态发生变化。为了盖梁顶升能顺利进行，在顶升施工中，必须设置一整套监测系统，通过所测得数据来指导控制顶升施工。

3.4.1 扩大基础沉降观测

顶升系统中的扩大基础是浇筑在原承台两侧的钢筋混凝土结构上。对于顶升过程中，尤其是立柱截断、承载体系转换后，扩大基础的承载状况及顶升体系的安全性，是通过扩大基础沉降观测数据来反映的。故每个桥墩应设置几个观测点。承载体系转换的初期应每天观测一次，待沉降稳定后，每三天观测一次。

3.4.2 桥面标高观测

桥面连续缝拆除后，在连续缝左右两侧各设置几个桥面高程观测点,测点设在原混凝土铺装层上(因原沥青混凝土铺装层以后需要铣刨)。在顶升之前先测定初始值,并与设计标高比较,另考虑调换支座高度的差值,来推算每个桥墩的实际顶升高度。桥面标高观测点的设置使每个桥墩的实际顶升高度确定有了依据,同时顶升后桥面标高得到有效控制。

3.4.3 盖梁底面标高测量

在顶升过程中及顶升以后,立柱位置的盖梁支点相对高差误差较大,会对盖梁产生附加内应力。切割立柱之前,应先测定盖梁底的初始标高;当盖梁顶升至预定标高后,测量盖梁底标高。若支点的相对高差误差超出控制范围,调整相应支承杆的高度,观察24h后复测一次,并再调整支承杆的高度,直至满足盖梁支点的相对高差在5mm以内。使每个盖梁下支撑杆均调整至符合要求为止。

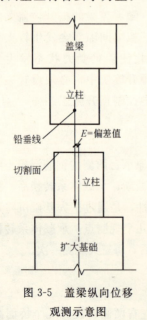

图3-5 盖梁纵向位移观测示意图

3.4.4 盖梁纵向位移观测

为了对顶升过程中盖梁纵向位移及立柱垂直度的观测,在每根立柱外侧面用墨线弹出垂直投影线,墨线须弹过切割面以下,在垂直墨线的顶端悬挂一个垂球,如图3-5所示。通过垂球线与墨线的比较来判断盖梁的纵向位移及盖梁是否倾斜,每顶升一次同时观测一次,以指导顶升顺序调整,使盖梁纵向位移控制在最小值,并且能及时调整各千斤顶的进油速度,使盖梁始终处于水平状态。

3.4.5 伸缩缝间隙观测

随着盖梁顶升到一定高度，桥面纵坡发生了变化，在伸缩缝的两侧板梁上端部间隙会发生变化，有的甚至会相碰，而造成板梁纵向位移人为增大。为此在伸缩缝的两侧板梁上设置钢纤测点，并在钢纤上凿眼，通过测定两眼之间距离来观测板梁间隙的变化，每个顶升阶段观测一次，特别当顶升至一定高度时可能会发生相碰时，要勤观测，及时调整顶升顺序，避免由于两端板梁相碰而造成纵向位移增大。

3.4.6 液压千斤顶行程观测

在顶升过程中，盖梁的扁担梁支点位置相对误差只能控制在15mm以内。为此，每台盖梁配有数个液压千斤顶。为确保顶升时盖梁受力均匀，每台千斤顶装行程标尺，千斤顶行程标尺读数可反映千斤顶的顶程。这样，每台千斤顶的顶程数值误差，直接反映出所有千斤顶是否同步，从而通过手控阀调整供油量，使各千斤顶同步顶升。每次起顶时，供油时间以30s为一次，千斤顶调整至同步时，再增加供油时间。

3.5 工程应用实例

3.5.1 上海吴淞大桥北引桥整体顶升施工

(1) 工程概况

吴淞大桥北引桥采用20m先张法预应力混凝土空心板梁，桥面连续。每孔为38片梁（2幅×19片）。每侧的承台为整体式钢筋混凝土，桥墩立柱采用三柱式钢筋混凝土，立柱间距6.2m，盖梁为非预应力钢筋混凝土，盖梁顶面设双向横坡

1.5%。其盖梁为倒 T 形，且盖梁上的靠背倾斜 30mm。梁底部支座为板式橡胶支座，梁底用楔形钢板调正纵坡。

新建同济路高架道路从 TJ0 为起始桩号，吴淞大桥北引桥 K7～K1 共 7 个孔须改建，其中在新桥 TJ4 墩处设 T1、T2、上下匝道。新桥宽度从 TJ2 处的 40m，逐步变宽到 TJ4 的 45m，在此处向北分主桥 26m，两侧匝道各 9m 宽，以后宽度为不等宽。按设计要求，只有 K4～K7 有条件采用顶升法，将桥面板升至设计标高（图 3-6）。桥面标高的相应调整见表 3-1。

桥面标高相应调整　　　　　表 3-1

桥墩编号	TJ0	TJ1	TJ2	TJ3	TJ4
顶升前桥面标高	+12.16	+11.46	+10.81	+10.17	+9.41
顶升后桥面标高	+12.16	+11.46	+10.92	+10.69	+10.77
立柱升高(cm)			11	52	136
原立柱高度(cm)	529	461	391	362	291
顶升前纵坡(%)	+3.4	+3.4	+3.4	+3.4	
顶升后纵坡(%)	+3.4	+2.7	+1.15	−0.40	

（2）顶升方法

顶升方法采用 ϕ580 带法兰钢管作为支撑杆，通过扁担梁、上横梁、下横梁、剪刀撑杆等制成顶升支撑体系，形成一个稳定结构，并支承于旧桥墩上，确保顶升体系的稳定。这套顶升支撑体系既能顶升盖梁，又能顶升板梁。盖梁顶升液压系统采用 6 组（一组为 4 台 500kN 千斤顶）千斤顶；板梁的顶升采用 27 台 500kN 千斤顶。立柱采用钻石钢线切割。上部结构降升到位后进行立柱加固，原立柱的竖向主筋采用双面绑焊，并在原立柱外侧承台上种植竖向加固钢筋。

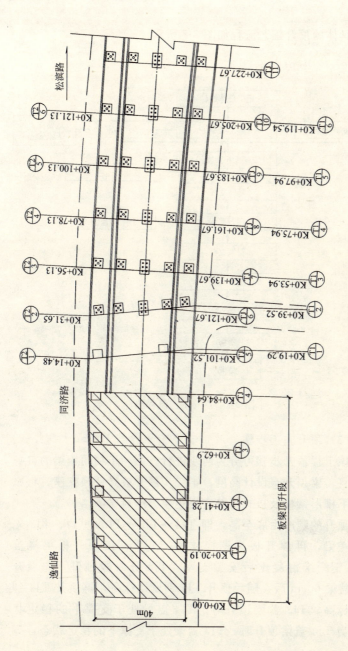

图 3-6 同济路顶升平面布置图

具体的顶升工艺流程如图 3-7 所示。

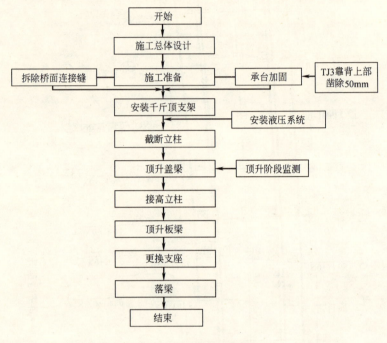

图 3-7 顶升工艺流程图

（3）顶升施工步骤

该工程顶升步骤可分为两步进行。第一步利用盖梁的自身刚度将盖梁顶升至设计高度；第二步顶升板梁替换支座，将原板梁下楔形钢板及板式橡胶支座更换为球冠支座。

顶升的顺序由低至高，即 TJ4→TJ3→TJ2。TJ4、TJ3 先顶升盖梁，再顶升板梁调换支座。TJ2 直接顶升板梁浇筑 11cm 钢纤维混凝土后安置支座。TJ4 分阶段顶升，先顶升 TJ4 盖梁 60cm 后，随后顶升 TJ3 到设计标高，再顶升 TJ4 到设计标高。TJ3 盖梁顶升时，TJ4 盖梁处于支撑下的稳定状态，当 TJ4 盖梁顶升时，TJ3 盖梁处于支撑下的稳定状态，施工中 TJ3 与 TJ4 桥墩绝不能同时顶升。

对千斤顶进行编号及编组，以每立柱的 4 台千斤顶为一组，共设 6 组。用一台液压动力站控制分配顶升千斤顶油路的系统。每一路油管长度相同并配有分配阀和止回阀。

盖梁顶升开始，对一组千斤顶供油，流量、压力缓慢地增加，将压力顶升到计算值的 85％ 时，停止供油，关闭阀门，检查各个部位；全部正常后再对千斤顶供油，观察标尺，只要有一个千斤顶相对误差大于 3mm 时立刻停止供油，通过手控阀进行调整；经过多次调整后，使每个千斤顶上升速度基本相同，可增加顶升的速度。

盖梁顶升每 220mm 为一节，安装钢管立柱短接头 200mm，然后让千斤顶回油，使扁担梁又重新落到接高的钢管立柱上；千斤顶继续回缩，直到所有的千斤顶顶端脱离扁担梁后，再对千斤顶进行供油顶升，这样消除了顶升过程桥面纵坡变化而引起千斤顶不垂直的因素，经过修正千斤顶对扁担梁的顶力点，而保持千斤顶基本上处于垂直状态下工作。

当盖梁顶升至设计标高时，按桥面标高及每根盖梁的支承点相对高差的控制值来调整支承杆的最后节高的实际高度，并用薄钢板及楔形钢板衬垫垫实，使扁担梁全部均匀支承在支承杆上，观测 24h 待盖梁及桥面高程稳定后，扁担梁与支承杆焊接固定。

板梁顶升时，500kN 千斤顶共用 27 台，分成两组，第一组为 14 台，第二组为 13 台，均布在上、下横梁之间。每组千斤顶又分 3 个小组。与盖梁顶升的方法一样，先调整千斤顶直到一组千斤顶上升速度基本相同时，才开始整体顶升。以 3mm/min 速度顶升，顶升到 50mm 停一下，静态下观测顶升值，若有不相同，再作调整，顶升到 250mm 停止顶升。再启动另一组千斤顶，直至将板梁顶起 550mm，进行钢支撑的安装，更换板梁下的橡胶支座（或浇筑钢纤维混凝土）。

3.5.2 上海南北高架与内环线高架的鲁班路立交SE匝道上部结构整体降低施工

(1) 工程概况

本工程原南北连接匝道的其中五跨桥面与主线桥面相拼。由于南北连接匝道桥面标高高于设计标高，且相差较大，为了保证南北连接匝道桥与主线桥面拼接，将采取南北连接匝道桥上部结构整体降低施工方案。

南北连接匝道桥改建前后桥面标高变化见表3-2。

南北连接匝道桥改建前后桥面标高变化　　表3-2

墩号	桥孔号	原桥面标高(m)	施工后桥面标高(m)	降低高度(mm)	工前纵坡(%)	工后纵坡(%)	纵坡差(%)
N1		12.45	12.45	0			
	K1				0.8	0.4	0.4
N2		12.69	12.57	120			
	K2				1.64	0.36	1.28
N3		13.05	12.67	380			
	K3				2.36	0.41	1.95
N4		13.57	12.74	830			
	K4				2.91	0.36	2.55
N5		14.21	12.82	1390			
	K5				2.91	0.41	2.50
N6		14.85	12.91	1940			
	K6				2.27	1.59	0.68
N7		15.53	13.26	2270			
	K7				2.91	4.00	−1.09
N8		16.17	14.14	2030			
	K8				3.00	5.82	−2.82
N9		16.83	15.42	1410			
	K9				3.05	5.86	−2.81
N10		17.50	16.71	790			
	K10				3.00	5.59	−2.59
N11		18.16	17.94	220			
	K11				2.91	3.91	−1.00
N12		18.80	18.80	0			

原南北连接匝道桥全长约 250m，桥跨布置为（30m＋22m×10)＝250m。桥墩台起止号为 N1～N12，匝道桥宽 9m。桥墩承台尺寸为 4.5m×4.5m×1.7m。立柱采用 1.5m×1.0m 矩形截面，高度为 5.39～12.63m。盖梁采用钢筋混凝土盖梁，尺寸为 8.3m×2m×2.0m（其中后靠背的高度为 0.98m），其结构为倒 T 型。上部结构采用 30cm 钢筋混凝土 T 梁和 22m 预应力混凝土空心板梁两种形式，其中 30cm 钢筋混凝土 T 梁每跨 5 根；22m 预应力混凝土空心板梁每跨有 16 片，全桥共有 8 片。全桥的桥面铺装共厚 13cm，包括 8cm 钢筋混凝土铺装加 5cm 沥青混凝土铺装。桥面采用四跨连续构造，伸缩缝采用板式橡胶伸缩缝。设置防撞墙。桥墩处采用 150mm×200mm×28mm 板式橡胶支座。改建后匝道结构为桩基承台及盖梁利用原桥结构，匝道的纵坡从原来的 3.0% 变化为 5.86%，最小降低量为 120mm，最大降低量为 2270mm。其布置情况如图 3-8、图 3-9 所示。

整体降低施工的工艺流程图如图 3-10 所示。

(2) 施工方法

降低施工前，先拆除桥面的连续缝及伸缩缝，保留桥面铺装层，使梁体仍保持整体性，以免梁纵向铰缝混凝土损伤。将桥墩承台作为降低支架体系的承重基础。充分利用盖梁的强大刚度，采用 ϕ609mm 带法兰钢支撑作为支撑杆，由支撑杆、扁担梁等组成降低支撑体系，使用 1500kN 长行程的液压千斤顶，将匝道上部结构分次逐跨降低到位后进行立柱加固，原立柱的竖向主筋采用双面绑焊，并在原立柱外侧承台上种植的竖向加固钢筋。

由于匝道为 12 跨简支梁，匝道上部结构采用分阶段逐跨分次降低到设计标高。分次逐跨整体降低时，相邻各跨的纵坡差控制在 3‰ 以内。

为防止降低过程中水平推力的叠加，只能每个桥墩单独降

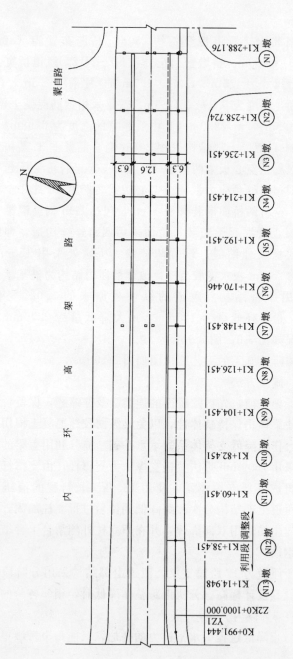

图 3-8 西藏南路桥梁顶升平面布置图

图 3-9 西藏南路桥梁顶升立面布置图

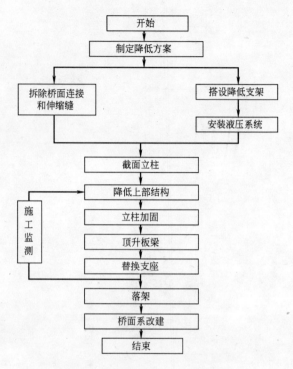

图 3-10　整体降低施工工艺流程图

低施工,相邻两侧的盖梁搁置在支架上。

降低过程中桥面的纵坡从3%逐渐变化到5.86%,由此产生了纵向水平推力,经计算单跨的最大水平推力为237.1kN。为此,降低施工时用低松弛高强度的预应力钢绞线牵拉盖梁,以抵消部分水平推力。上部结构牵拉系统如图3-11所示。

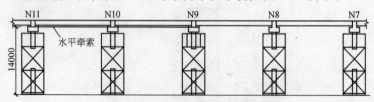

图 3-11　上部结构牵拉系统示意图

参 考 文 献

[1] 王青松,韩智晨. 狮子林桥整体抬升工程中水平位移的控制. 天津建设科技,2004(6):22～23
[2] 施笃俭,孙泰周,刘根昌. T型梁桥整体抬升施工工艺. 中南公路工程,1998,23(4):36～37
[3] 中华人民共和国交通部部标准. 公路桥涵钢结构及木结构设计规范(JTJ 025—86). 北京:中国建筑工业出版社,1987
[4] 建筑工程常用数据系列手册编写组. 建筑结构常用数据手册. 北京:中国建筑工业出版,1997

第4章 新建桥梁顶推法施工技术

4.1 概　　述

新建桥梁顶推法施工是构筑物移位控制技术施工的一种，其实质是在施工时使用千斤顶，推动梁体在专用的临时滑动支座上移动，最后到达预定的设计位置的施工方法。采用顶推法施工，梁体在施工阶段与运营阶段的受力情况存在很大差异，加之施工机械的影响，在施工过程中需要确定顶推力、导梁长度等施工参数，掌握各段梁体顶推过程中的内力变形以及应力变化，控制顶推过程中对柔性墩的影响在允许范围内等[1]。

运用顶推法施工桥梁与其他施工技术相比具有很多优点，可以使桥梁上部结构的施工不影响桥位处现有的交通状况，减少施工设备，缩短结构的施工工期，降低桥梁的施工成本，提高结构横截面的使用效率，减少混凝土徐变的影响。

我国在70年代首次在西安至延安铁路狄家河桥上采用顶推法施工，接着广东万江公路桥又顺利顶推成功[2]。经过30多年的发展，顶推施工工艺不断的完善，顶推方式也呈现多样化。从用水平加竖向千斤顶直接顶推梁体到只用水平千斤顶并通过拉杆顶拉梁体；从单点集中顶推到多点分散顶推；从间歇顶推到连续顶推。我国桥梁顶推法施工技术不断进步，使用范围不断扩大，在公路桥乃至铁路桥中的应用日益增多。因此，顶推法是适合我国国情的一种较好的建桥方法，其应用发展前景十分广阔。

本章介绍新建桥梁顶推法施工技术[3~5]。分别从施工原理、施工方法、要注意的关键技术方面来介绍。应用顶推法施工的方法包括单点顶推和多点顶推两种。顶推的关键技术主要有七个方面，分别是制梁台座、导梁、临时墩、滑动装置、顶推施工中的横向导向、顶推动力装置、箱梁起落和支后力调整。最后结合上海沪闵路高架道路二期工程 2.2 标大型钢箱梁整体顶推施工，来介绍顶推法施工的具体实施方法。

4.2 顶推法施工原理

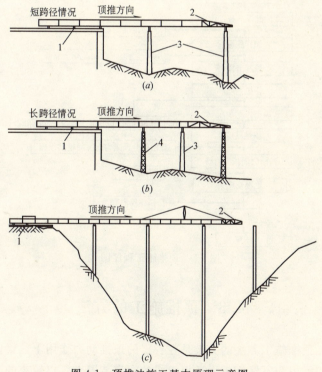

图 4-1 顶推法施工基本原理示意图
(a) 短跨径情况；(b)、(c) 长跨径情况
1—制梁台座；2—导梁；3—桥墩；4—临时墩

顶推法施工是沿桥轴方向，在台后开辟预制场地，分节段预制梁身并用纵向预应力筋将各节段连成整体，然后通过液压千斤顶施力，借助不锈钢板与聚四氟乙烯模压板组成的滑动装置，将梁段向对岸推进。这样分段预制，逐段顶推，待全部顶推就位后落梁，更换正式支座，完成桥梁施工。

顶推法施工主要用于预应力混凝土连续梁桥，同时也可以用于其他桥型，如结合梁桥、斜拉桥等。顶推法施工的基本原理如图4-1所示，顶推施工的程序如图4-2所示。

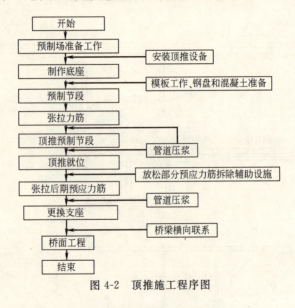

图4-2 顶推施工程序图

4.3 顶推施工的方法

顶推施工方法的关键是在一定的顶推动力作用下，梁体能在四氟板和不锈钢板滑道板组成的滑道装置上，以较小的摩擦系数向前移动。四氟板是由聚四氟乙烯制造，是一种硬度高、同不锈钢之间摩擦系数很小（$f=0.04\sim0.06$）的材料，与垂直压强成反比,与速度成正比。施工实测资料表明,一般为0.04~0.06,静摩擦系数比动摩擦系数大些。

根据顶推施力的方法将顶推施工分为单点顶推和多点顶推。

4.3.1 单点顶推

单点顶推水平力的施加位置一般集中于主梁预制场附近的桥台或桥墩上,前方各墩上设置滑移支承。顶推装置可分为两种情况。

(1) 用水平-垂直千斤顶的顶推装置

该装置是由垂直顶升千斤顶、滑架、滑台(包括滑块)、水平千斤顶组成。一般设置在紧靠梁段预制场地的桥台或支架底处。图4-3给出了这种顶推装置。滑架长约2m,固定在桥台或支架上,用七级光洁度的镀铬钢板制成。滑台是钢制方块体,其顶面垫以氯丁橡胶承托着梁体,滑台与滑架之间垫有滑块,滑块由四氯丁橡胶板下面嵌一聚四氟乙烯板组成。聚四氟乙烯板与钢板间的摩擦系数仅为0.02~0.05。顶推时,先将垂直千斤顶落下,使梁支承于水平千斤顶前端的滑块上;开动水平千斤顶的油泵,通过活塞向前推动滑块,利用梁底混凝土与橡胶的摩阻力大于聚四氟乙烯与不锈钢的摩阻力,带动梁体向前移动;顶起千斤顶,使梁升高,脱离滑块;向千斤顶小缸送油,活塞后退,把滑块退回原处;再把垂直千斤顶落下,使梁又支承在滑块上,开始下一个顶推过程。

(2) 用拉杆的顶推装置

该装置在桥台(墩)前面安装一对大行程水平穿心式千斤顶,使其底座靠在桥台(墩)上,拉杆的一端与千斤顶连接,另一端固定在箱梁侧壁上(在梁体顶、底板预留孔内插入强劲的钢锚柱,由钢横梁锚住拉杆)。顶推时,通过千斤顶顶升带动拉杆牵引梁体前进,如图4-4所示。

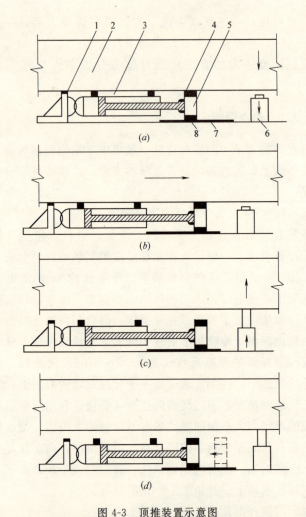

图 4-3 顶推装置示意图
(a) 落梁；(b) 顶推；(c) 升梁；(d) 退回滑块
1—水平反力架；2—梁体；3—水平千斤顶；4—摩擦垫贴面；5—滑块；
6—垂直千斤顶；7—不锈钢滑道；8—聚四氟乙烯滑板

单点顶推适用于桥台刚度大、梁体轻的施工条件。单点顶推的动力学原理可用下述数学表达式表示：

94

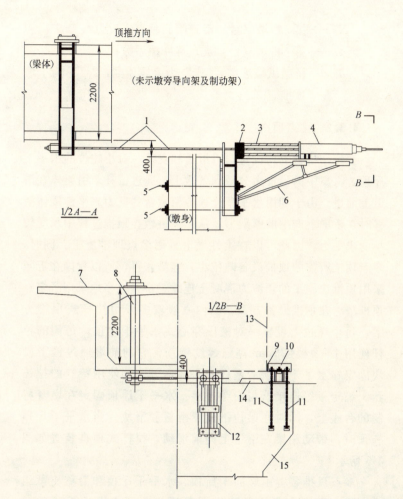

图 4-4 单点顶推设备（尺寸单位：mm）

1—Φ32全螺纹粗钢筋；2—止退螺母；3—顶座；4—水平空心式千斤顶（YC 75—100）；
5—Φ32粗钢筋；6—托架；7—梁体；8—拉杆锚柱；9—顶堆时垫四氟板；
10—墩旁导向架（横向可微调门隙）；11—Φ32粗钢筋；
12—水平千斤顶托架；13—梁体外边线；14—临支；15—墩身

当 $H > \sum R_i(f_i \pm a_i)$ 时，梁体才能向前移动。 （4-1）

式中 H——单点顶推力；

R_i——第 i 桥墩（台）滑道瞬间垂直支反力；

f_i——第 i 桥墩（台）支点静摩擦系数；

a_i——桥梁纵坡坡率，"+"为上坡顶推，"-"为下坡顶推。

4.3.2 多点顶推

在每个桥墩上均设置两道滑道和安装一对小吨位的水平千斤顶，将集中的顶推力分散到各墩上。通过拉杆牵引梁体在滑道上前进。由于利用水平千斤顶传给墩台的反力来平衡梁体滑移时在桥墩上产生的摩阻力，从而使桥墩在顶推过程中承受较小的水平力，因此可以在柔性墩上采用多点顶推施工。同时，多点顶推所需的顶推设备吨位小，容易获得，所以我国在近年来用顶推法施工的预应力混凝土连续梁桥，较多地采用了多点顶推法。在顶推设备方面，国内一般较多采用拉杆式顶推方案，每个墩位上设置一对液压穿心式水平千斤顶，每侧的拉杆使用1~2根Φ25mm高强螺纹钢筋，它的前端通过锥形楔块固定在水平千斤顶活塞杆的头部，另一端使用特制的拉锚器、锚定板等连接器与箱梁连接，水平千斤顶固定在墩身特制的台座上，同时在梁位下设置滑板和滑块。当水平千斤顶施顶时，带动箱梁在滑道上向前滑动，拉杆式顶推装置如图4-5所示。

多点顶推装置由竖向千斤顶、水平千斤顶和滑移支承组成，施工程序为落架→顶推→升梁→收回水平千斤顶的活塞→拉回支承块，如此反复作业。多点顶推施工的关键在于同步。

多点分散顶推的动力学原理可用下述数学表达式表示：

$$当 \sum F_i > \sum (f_i \pm a_i) N_i 时，梁体才能向前移动。 \quad (4-2)$$

式中 F_i——第 i 桥墩（或桥台）千斤顶所施的力；

N_i——第 i 桥墩（或桥台）支点瞬时支反力；

f_i——第 i 桥墩（或桥台）支点相应摩擦系数；

α_i——桥墩纵坡坡率，"+"为上坡顶推，"-"为下坡顶推。

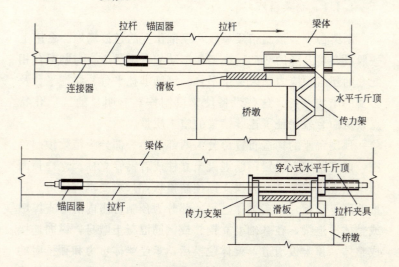

图 4-5　拉杆式顶推装置示意图

这个表达式的物理意义是把顶推设备分散于各个桥墩（或桥台）、临时墩上，分散抵抗各墩水平反力。如果千斤顶施力之和小于所有墩水平摩阻力±梁的水平分力之和（上坡顶推为"+"，下坡顶推为"-"），则梁体不动。

多点顶推与集中单点顶推相比较，可免去大规模的顶推设备，能有效地控制顶推梁的偏离，顶推时对桥墩的水平推力可以减小到很小，便于结构采用柔性墩。有弯桥时采用多点顶推，由各墩均匀施加顶力，同样能顺利施工。采用拉杆式顶推系统，免去在每循环顶推过程中用竖向千斤顶将梁顶起使水平千斤顶复位，简化了工艺流程，加快了顶推速度。但多点顶推需要较多的设备，操作要求也比较高。

4.4 顶推关键技术

4.4.1 制梁台座

制梁台座为预制箱梁节段和顶推作业的过渡场地。台座上一般设有可升降的活动底模架和不动的台座滑道。与制梁台相配套的还有预应力钢束穿束平台、钢筋绑扎平台、测控平台及必要的吊装设备。这些设备使梁段制作具有明显的工厂化特点,从而有效保证了连续箱梁的施工质量。

预制台座的构造布置可分为两部分,一部分为箱梁预制台座,即在基础上设置钢筋混凝土立柱或者钢管立柱。立柱顶面用型钢连接成整体,直接支撑预制模板,只承受垂直压力。顶推前降下模板,脱离梁体。另一部分为预制台座内滑道支撑墩或整体滑道梁,在基础上立钢管或钢筋混凝土墩身,纵向连接成整体,顶上设滑道,梁体脱模后,承受梁体重力和顶推时的水平力。预制台座一般采用刚性设计,台座形式宜采用梁柱式结构或整体框架结构,刚度、强度满足顶推施工的技术要求,表面平整、标高准确,垂直变形很小。

制梁台座位置选择的原则主要有以下几个方面。首先,必须保证墩台后端梁体在顶推过程中的总体稳定和抗倾覆安全,使梁段在预制场地范围内逐步顶推过渡到标准跨。制梁台座的位置应尽量向前靠,充分利用设计的永久墩、台基础和墩身,少占引桥或引道位置,减小顶推工作量,避免顶推到最后时,梁的尾端出现长悬臂。且必须使顶推梁尾端的转角为零,以便保证梁体线形的一致,还应考虑拼装异梁的场地。

4.4.2 导梁

导梁设置在主梁前端,可为等截面(钢桁梁)或变截面钢板梁。导梁结构必须通过设计计算，从受力状态分析，导梁的控制内力是导梁与箱梁连续的最大正、负弯矩和下缘的最大支点反力。国内外的实践经验表明，导梁的长度一般为顶推跨径的 0.6～0.7 倍，较长的导梁可以减小主梁的负跨径，但过长的导梁也会导致导梁与箱梁连续处负弯矩和支反力的相应增加。合理的导梁长度应是主梁最大悬臂负弯矩与使用状态支点负弯矩基本接近。导梁的刚度宜选主梁刚度的 1/5～1/9，它对主梁内力的影响远较其长度对主梁内力的影响为小。导梁的刚度在满足稳定和强度的条件下，选用较小的刚度及变刚度的导梁，将在顶推时减小最大悬臂状态的负弯矩，使负弯矩的两个峰值比较接近。此外，在设计中要考虑动力系数，使结构有足够的安全储备。为减轻自重最好采用从根部至前端为变刚度的或分段变刚度的导梁。

4.4.3 临时墩

临时墩由于仅在施工中使用，因此在符合要求的前提下，应降低造价，便于拆装。钢制临时墩因在荷载作用和温度变化下变形较大而较少采用，目前用得较多的是用滑升模板浇筑的混凝土薄壁空心墩、混凝土预制板或预制板拼砌的空心墩以及混凝土板和轻便钢架组成的框架临时墩。临时墩的基础根据地质和水深诸情况决定，在顶推前将临时墩与永久墩用钢丝绳拉紧，也可采用在每墩上、下游各设一束钢索进行张拉，效果较好，施工也很方便。通常在临时墩上不设顶推装置而仅设置滑移装置。

施工时是否设置临时墩需在总体设计中考虑，要确定桥梁跨径与顶推跨径之间的关系。顶推法施工绝大多数为等截面梁，过分加大跨径将是不经济的。目前在大跨径内最多设两个临时墩。

4.4.4 滑动装置

顶推施工的滑道是在墩上临时设置的,待主梁顶推就位后,更换正式支座。我国采用顶推法施工的数座连续梁桥均为这种方法。

在安放支座之前,应根据设计要求检查支反力和支座的高度,同时对同一墩位的各支座反力按横向分布要求进行调整。安放支座也称落梁,对于多联梁可安联落梁,如一联梁跨较多时也可分阶段落梁,这样施工简便,又可减少所需千斤顶数量。

墩顶滑动一般采用单滑道板形式,滑道板为一块整钢板,置于滑道垫块钢架之上,该种形式的滑道能很好地承受各向作用力,而且标高容易控制,拆除也非常方便。近几年,台座滑道采用了一种连续梁式的整体滑道,它是通过在滑道梁上铺设滑道板形成的,整体滑道构造为"活动底模板+滑板+滑道板+滑道梁+重轨支座"。如在支座上设置滑道顶推,其永久支座需在厂家作特殊处理,即施工时上、下部临时固定,以承受顶推的水平摩阻力。然后在永久支座纵向两边设垫块,上面盖一块厚 40mm 的钢板临时约束,再设置滑道。箱梁顶推到位后,将梁顶起,拆开盖板及滑道,解除支座上临时约束,恢复支座设计功能,完成落梁工序。

4.4.5 顶推施工中的横向导向

为了使顶推能正确就位,施工中的横向导向是不可少的。通常在桥墩台上主梁的两侧各安置一台横向水平千斤顶,千斤顶的高度与主梁的底板位置平齐,由墩(台)上的支架固定千斤顶位置。在千斤顶的顶杆与主梁侧面外缘之间旋转滑块,顶推时千斤顶的顶杆与滑块的聚四氟乙烯板形成滑动面,顶推时由专人负责不断更换滑动块。顶推时的横向导向装置如图 4-6 所示。

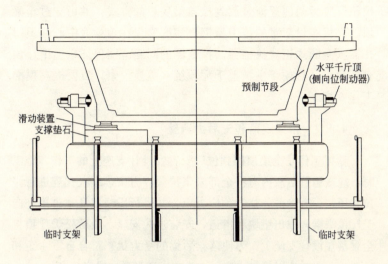

图 4-6 顶推施工的横向导向设施示意图

横向导向千斤顶在顶推施工中一般只控制两个位置。一个是在预制梁段刚刚离开预制场的部位；另一个是在顶推施工最前端的桥墩上。因此梁前端的导向位置将随着顶推梁的前进不断更换位置。施工中如发现梁的横向位置有误而需要纠偏时，必须在梁顶推前进的过程中进行调整。对于曲线桥，由于超高而形成单面横坡，横向导向装置应比直线处强劲，且数量要增加，同时应注意在顶推时，内外弧两侧前进的距离不同，要加强控制和观测。

4.4.6 顶推动力装置

顶推动力装置由千斤顶、高压油泵、拉杆（束）、顶推锚具（自动工具锚、拉描器）组成。顶推动力一般使用水平千斤顶或自动连续千斤顶及其配套的普通高压油泵或专用的液压站作为动力装置；拉杆体系最早使用精轧螺纹钢拉杆体系，以后逐渐采用高强钢丝束、钢绞线束群体系；拉锚器的施力位置由拉箱梁腹板两侧逐渐过渡到拉箱梁底板的方式，并由穿过箱梁顶、底板布设笨重的传力型钢，演变为仅在箱梁底中心线预留孔插入牛腿式钢块拉锚器。拉锚器的间距应能保证墩上千斤顶有施力点，且便于主墩上千斤顶统一更换位索，以便提高顶推工作效率。

4.4.7 箱梁起落和支反力调整

落梁工作是全梁顶推到位后安置在设计支座上的工作。施工时，应按运营阶段内力将全部未张拉预应力束，穿入孔道进行张拉和压浆，拆除部分临时预应力束，并进行压浆填孔，再用竖向千斤顶举梁，取出垫块和滑道，安装永久支座，最后松千斤顶将全梁落在设计支座上。为使落梁后梁的受力状态符合自重弯矩和反力，落梁时应以控制支座反力为主，适当考虑梁底标高。

梁体起落高度控制与测量的具体操作程序如下：

1) 分级调压。根据设计支点反力的 0.3、0.5、0.7、0.8、0.9、0.95、0.975、1.00、1.015、1.030、1.045 倍作为分级调压的油压控制值。

2) 油压限时。每一级压力的操作时间 $\geqslant$ 10min，且在每级压力上持压 5min，以保证有足够时间使梁体进行内力传递和分配，减小直至消除梁体变形"滞后"现象带来的影响。

3) 高差限位。通过百分表可以测得油压读数时刻梁体实际起落高度，以决定持压时间和是否进行下一级的加压操作。

4.5 工程应用实例——沪闵路高架道路二期工程 2.2 标大型钢箱梁整体顶推施工

4.5.1 工程概况

沪闵路高架道路二期工程 2.2 标建设于既有虹梅路立交桥

梁之上，桥下有三层车流如梭、纵横交叠的路面。为了不影响正常交通，在不封路的情况下完成新建高架桥的凌空跨跃，工程采用了向空中借地——大型钢箱梁整体顶推滑移的施工方法，取得了良好社会效益。

本工程共四孔钢箱梁，采用顶推施工法拼装施工。即连续钢箱梁在拼装平台上拼装后，用自动连续顶推设备，顺着道路方向在拼装好的桥面上沿着轨道滑行，把箱梁自动连续顶推到移动桁架上。

该工程将顶推滑移施工方法的基本步骤归纳为"首联拼装，桥面组装，滑移就位，液压下降"。其意思是指在东、西跨端原位拼装首联钢箱梁；然后以该钢箱梁为组装平台，在其上进行其他分段的组装；以三孔（最大）连续钢箱梁，在已经施工好的桥面上滑移（滑移最大单元132m×29m，重约1800t）至滑移桁架的移动台车上，继续纵移至安装位置上方；再由液压同步下降装置将钢箱梁同步下降至设计位置。

4.5.2 顶推滑移步骤（图4-7）

（1）滑移形式

滑移形式分为两种。

第一种是在镶拼胎及滑移网梁上滑移，匝道支座高于柱顶标高，便于钢绞线穿行，利用固定于匝道上的滑块与滑移钢梁进行滑移。同时设置限位挡块，控制侧向偏差。

第二种是在永久柱上进行滑移。在柱顶安放滑移装置，滑移装置的下侧摩擦力小于上侧，交替放置滑块，使匝道向前滑移。

（2）滑移步骤

1) 在0~4号柱顶上设置2500mm×500mm钢板，供滑移使用；同时设置挡块。

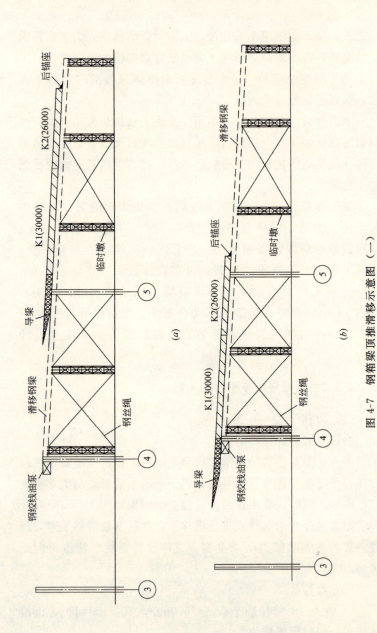

图 4-7 钢桁梁顶推滑移示意图（一）

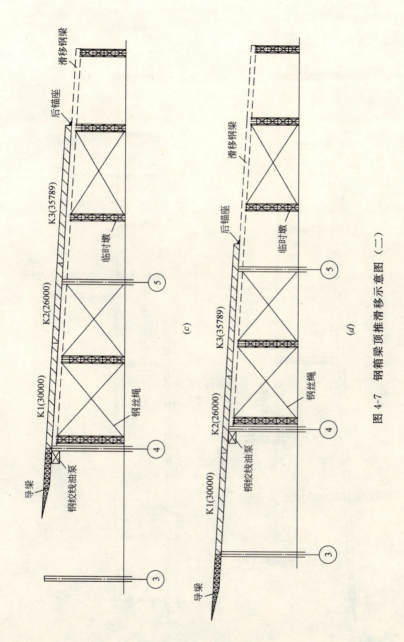

图 4-7 钢箱梁顶推滑移示意图 (二)

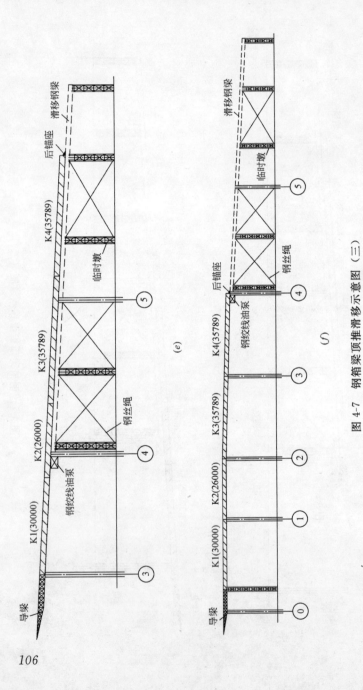

图 4-7 钢箱梁顶推滑移示意图（三）

2）将 K1、K2 段在镶拼胎架上拼制，在 4 号柱上安装钢绞线、液压千斤顶及泵源，在 K2 段后安装后锚座，在 K1 段前安装导梁。

3）拉动钢绞线油泵，使 K1、K2 段向前滑移。

4）当 K1 到达 4 号柱柱顶时，暂时固定。拆除 K2 段后锚座，将 K3 段拼接在 K2 段后，将钢绞线拉回到 K3 段后，同时在 K3 段后安装后锚座。

5）拉动钢绞线油泵，使 K1、K2、K3 段向前滑移。

6）当 K1 到达 3 号柱上时，暂时固定。拆除 K3 段后的后锚座，将 K4 段拼接在 K1、K2、K3 段后，将钢绞线拉回到 K4 段后，同时在 K4 段后安装后锚座。

7）拉动钢绞线油泵，使 K1、K2、K3、K4 向前滑移。支座处滑块交换如图 4-7（e）所示。

8）直到 K1 到达 0 号柱、1 号柱之间的辅助柱上。

9）钢绞线油泵与后锚座

（A）钢绞线油泵安装于 4 号柱左侧，钢绞线通过柱顶与匝道高差，连到后面的后锚座上，拉动钢绞线，使匝道向前滑动。

（B）后锚座安装于每次滑移时分段的最后，焊在滑移匝道上。

10）当主桥到达 0 号柱时，进行 K1 段补缺。暂估 40t。

11）安装到位

（A）当 K1～K4 段到位后，在立柱中间下凹部分设置调整装置。

（B）顶升调整装置，使滑块脱离匝道，安装球冠支座。

（C）撤去滑块及挡块，进行支座水平调整。

（D）达到设计要求，落下调整装置，使匝道就位于球冠支座上。

参考文献

[1] 林俊锋,王卫锋,马文田. 顶推法施工珠江西桥时后移制梁台座的分析. 世界桥梁,2005(2):51~54

[2] 汤俊声. PC梁顶推施工技术的回顾与展望. 桥梁建设,1996(1),11~14

[3] 李恩列. 顶推施工技术在连续钢箱梁施工中的应用. 中国科技信息,2005(10),97~98

[4] 秦卫雄. 连续箱梁顶推法施工工艺. 湖南交通科技,2003(3),87~89

[5] 交通部第一公路工程总公司主编. 公路施工手册(桥涵). 北京:人民交通出版社,2000

第5章 构筑物移位安装控制技术

5.1 概　　述

随着经济建设的突飞猛进,国产钢产量的大幅提高,以及国产钢性能的日益优越,国内建筑钢结构从20世纪90年代以来得到了前所未有的发展,应用领域也得到了极大的拓展。为了适应人们审美要求的提高,建筑造型日趋多变。钢结构依靠其优越的材性、强大的造型能力,日益受到设计师的青睐。大跨度钢结构从原先比较单一的平板网架等发展到如今的变化多样,从国家大剧院的半椭球形造型到重庆江北机场的"自贡恐龙"创意,从"草帽"型的上海铁路南站主站屋钢结构到可开启的上海旗忠森林体育城网球中心钢结构工程[1~4],建筑师广阔的思路得到了完全的展现(图5-1~图5-4)。

图 5-1　国家大剧院效果图

图 5-2 重庆江北机场

图 5-3 上海铁路南站效果图

图 5-4 上海旗忠森林体育城网球中心效果图

随着空间结构分析技术、新材料、新工艺的不断发展和完善,大空间钢结构建筑越来越多的出现在人们的眼前。结构施工技术也随着计算机技术、空间分析技术以及其他相关技术的发展而不断创新发展。移位安装法作为一种先进的安装工艺,正在越来越多的被广泛应用。

5.2 构筑物移位安装技术的优点

新建构筑物移位施工技术同常规的施工技术相比具有以下主要优点。

1) 对周边环境的影响小。例如,上海市沪闵路高架 2.2 标钢箱梁的施工采用了张拉移位技术,保证了施工过程中地面道路的畅通(图 5-5)。

图 5-5　沪闵路高架 2.2 标钢箱梁高空移位施工

2) 可最大限度地满足其他工种的交叉施工,节约施工工期。例如,上海旗忠森林体育城网球中心钢结构工程采用了旋转顶推移位技术(图 5-6)。保证了周边土建的施工和内场场地的施工,满足了总体施工工期的要求。

图 5-6　上海旗忠网球中心钢结构工程采用了旋转顶推移位技术施工

3）减少大型设备的使用，节约机械台班费用，节约施工成本。例如，重庆江北机场航站楼采用矩阵式多点同步控制移位技术（图 5-7），降低了对大型设备的要求，节约了施工成本。

图 5-7　重庆江北机场航站楼矩阵式多点同步控制移位技术施工

4）减少临时支撑的使用，节约措施用钢，节约成本和资源。例如：上海旗忠森林体育城网球中心钢结构工程和重庆江北机场航站楼，由于采用了移位技术施工，大大节约了措施用钢，产生了良好的经济效益。

5) 低能耗，低噪声，具有良好的社会效益和环境效益。由于移位技术采用的是计算机控制的液压系统作为动力源，完全能够做到低能耗、低噪声，因此更具环保效益。

5.3 构筑物移位安装技术的系统构成

5.3.1 滑道系统

在整个计算机控制的移位安装过程中，滑道系统起承重作用，滑道强度、平整度既是各施工阶段的先行引导性工作，又是质量过程控制的重要环节之一。滑道根据形式大致可分为具有物理强制导向的凹槽型滑道（图5-8）和无物理强制导向的平面滑道（图5-9）两种。

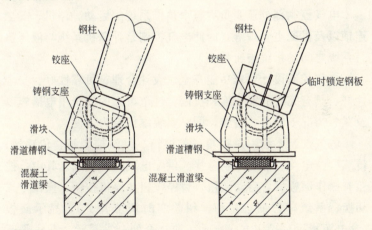

图 5-8 凹槽型滑道

5.3.2 电气系统

在整体顶推（牵引）设备中，计算机控制部分通过电气控制部分驱动液压系统，并通过电气控制部分采集液压系统状态

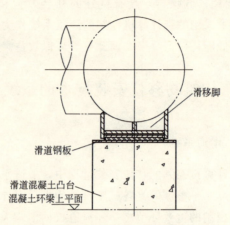

图 5-9 平面型滑道

和顶推工作的数据作为控制调节的依据。

电气控制部分还要负责整个顶推系统的启动、停机、安全连锁以及供配电管理等,因此电气控制是计算机系统与液压执行系统之间的桥梁与纽带。

电气控制设计要求功能齐全、设计合理、可靠性好、安全性好、具有完善的安全连锁机制、规范可靠的安全用电措施以及紧急情况下的应急措施,同时安装维护更为方便。

电气控制系统由总控箱、单控箱、泵站控制箱、传感器、传感检测电路、现场控制总线、供配电线路等组成。其中总控箱有操作面板(含启动按钮、暂停按钮、停机按钮、操作方式切换、系统伸缸缩缸按钮、纠偏实时调节开关)、显示面板(含电源指示、操作方式指示、油缸全伸全缩显示、截止阀运行指示、分控箱专用指示、支座移位结束指示、系统正常及系统故障偏差异常指示,并有偏差报警、故障报警等)。

5.3.3 液压系统

液压系统由液压泵站、液压连接元件、顶推油缸、比例阀、换向阀、分流阀、压力开关、油管等组成。其主要作用是通过接受电气信号来实施顶推（提升）的各种动作，同时根据信号来确定动作的快慢，从而达到同步顶推（提升）的目的。一般的液压工作原理如图 5-10 所示。

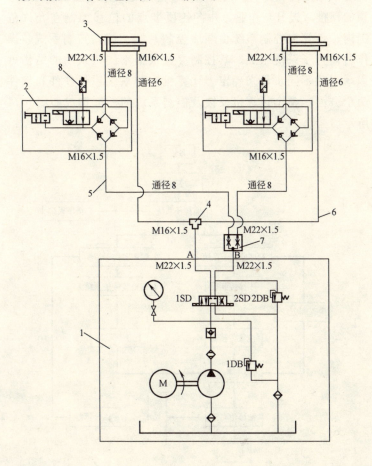

图 5-10 液压原理图

1—液压泵站；2—液压阀块；3—顶推液压油缸；
4—三通接头；5—高压软管（通径 8）；6—高压
软管（通径 6）；7—分流阀；8—压力开关

5.3.4 计算机控制系统

计算机控制系统主要功能是通过电气系统反馈信号,通过实时数据处理和分析,发出指令,通过电气系统控制液压千斤顶的顶推(提升)作业,并将各顶推点的位移控制在允许范围内。计算机控制系统由顺序控制系统、偏差控制系统、操作台监控子系统组成。其控制参数根据不同构筑物的结构可以承受的不同步量来确定。计算机控制系统包括硬件和软件两个方面。整个计算机反馈及控制系统的一般构成如图 5-11 所示。

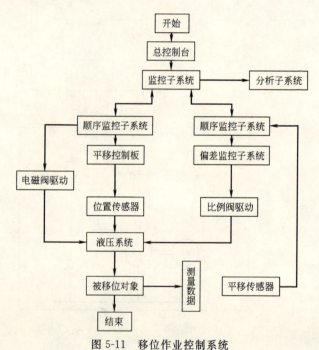

图 5-11 移位作业控制系统

除了上述四大系统之外,整个移位工程的实施还应包括反力系统、人员指挥系统、应急处理系统等。

5.4 工程应用实例——重庆江北机场航站楼顶推移位工程

5.4.1 工程概况[2]

重庆江北国际机场航站区及配套设施扩建项目是重庆市和民航总局的重点建设项目,是重庆市的形象工程和窗口工程(图 5-12)。该工程的钢结构包括航站楼主楼、指廊、连廊和登机桥等,总吨位约 8000t。其中主楼钢结构超过 5000t,指廊钢结构近 2000t,连廊及其他配套结构约 1000t。

图 5-12 重庆江北机场航站区效果图

航站楼主楼长度 171m,跨距 90m,其钢结构屋盖由 4 榀主桁架、36 榀次桁架和若干悬挑梁组成,通过东侧的 4 组巨型组合柱(人字柱)和西侧的 4 组巨型组合柱(四肢柱)支承在移山填平的泥岩之上,形成一个 171m×90m×30m 的大空间(图 5-13)。

主桁架状如恐龙,高低起伏,跨度 117m,单榀重约 5000kN,支承在东侧的人字柱和西侧的四肢柱上(图 5-14)。次桁架高低起伏,呈不规则状,单榀重 220kN。主桁架、次桁架和飘带形的 I 字形檩条所组成的屋盖结构,形成了波浪起伏的外貌,体现了长江波涛翻涌,恐龙奔腾向前的意境。

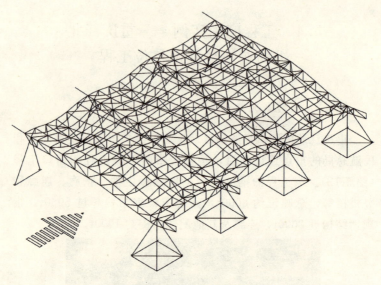

图 5-13 重庆江北机场航站楼结构

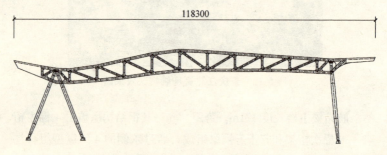

图 5-14 主桁架立面图

航站楼主楼的跨内为已建的地下室、设备管廊，以及1~2层的混凝土框架平台。东侧是停机坪，施工阶段有20m左右宽的施工便道；西侧紧邻拟建高架桥（结构安装期间要进行基础施工）；南北两侧距候机指廊相距约70m，由连廊将主楼和指廊连接起来。

主楼结构的特点和周边环境决定了它不能用常规施工方法进行安装，而应当采用计算机控制的整体移位施工技术。

5.4.2 总体施工技术路线

在本工程中，钢结构的总体技术路线如下所述。在跨端适当位置设置平拼胎架和立拼胎架，在平拼胎架上形成较大分段（800kN左右），完成整体预拼装，然后用起重机在立拼胎架上进行主桁架总体组装及组合柱的安装。完成后将单榀主桁架与柱平移一个柱距（45m），再拼装第二榀主桁架与柱，接着安装两榀主桁架之间的次桁架和檩条，使两榀主桁架连成整体结构，将其平移一个柱距（45m）。接着再安装第三榀主桁架与柱，及其次桁架和檩条，与前两榀累积组合成更大的结构，再平移45m。第四榀主桁架与柱，及其次桁架和檩条拼装后，

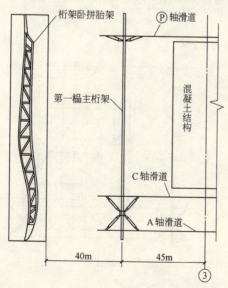

第一步　第一榀主桁架在跨外立式胎架上拼装

(a)

图 5-15　施工流程（一）

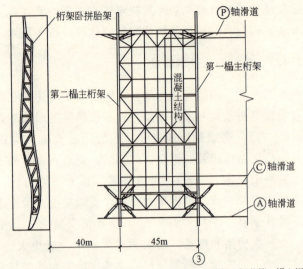

第二步 第一榀主桁架沿滑道水平顶推45m，在原立拼胎架上拼装第二榀主桁架，并进行副桁架等节间安装

(b)

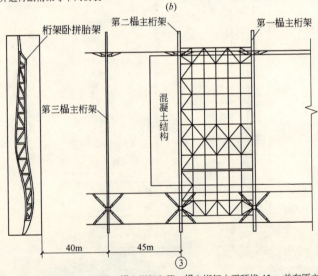

第三步 将已连成整体节间的第一榀主桁架和第二榀主桁架水平顶推45m，并在原立拼胎架上拼装第三榀主桁架

(c)

图 5-15 施工流程（二）

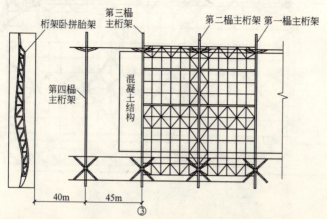

第四步 安装第二、三榀主桁架之间的次桁架、屋面支撑、斜撑等,并将第一、二、三榀主桁架整体水平顶推45m,在原立拼胎架上拼装第四榀主桁架

(d)

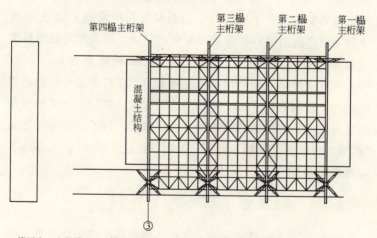

第五步 安装第三、四榀主桁架之间的次桁架、屋面支撑、斜撑等,并将第一、二、三、四榀主桁架整体水平顶推45m,达到设计位置

(e)

图 5-15 施工流程(三)

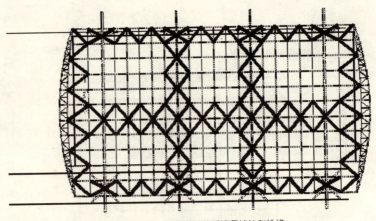

第六步 安装钢屋盖两端幕墙柱和挑檐
(f)

图 5-15 施工流程（四）

累积形成 50000kN 的完整结构，最后平移 45m，就完成整个钢结构的安装。由于跨端与立拼胎架之间可设置 12m 左右宽的起重机作业通道，起重机作业半径很小，因此起重能力最大仅需 4000kN·m，而且不影响西侧的高架桥施工。

综上所述，主楼钢结构的安装采用"在跨端进行结构的整体组合，逐间累积平移安装"的施工方案。并应用计算机控制的液压同步顶推技术和设备进行平移施工，技术路线可表述为"跨端组合，累积平移；计算机控制液压同步顶推"。具体施工流程如图 5-15 所示。

5.4.3 施工工艺

施工工艺主要是制定施工顺序、确定施工总平面布置、研究顶推点设置、提出顶推控制要求，以及选择起重机械等。

(1) 施工顺序

1) 拼装场地布置；拼装胎架设置；滑道制作。

2) 第一榀主桁架安装

主桁架预拼装；钢柱安装；主桁架与柱组合；主桁架跨中设置平面外预应力稳定装置；将主桁架顶推滑移45m；精调定位。

3) 第二榀主桁架安装

主桁架预拼；钢柱安装；主桁架与柱组合；吊装第一、二榀主桁架之间的次桁架、檩条；将第一、二榀主桁架组成的结构顶推滑移45m；精调定位。

4) 第三榀主桁架安装

主桁架预拼装；钢柱安装；主桁架与柱组合；吊装第二、三榀桁架之间的次桁架、檩条；将第一、二、三榀主桁架组成的结构顶推滑移45m；精调定位。

5) 第四榀主桁架安装

主桁架预拼装；钢柱安装；主桁架与柱组合；吊装第三、四榀主桁架之间的次桁架、檩条；将第一、二、三、四榀主桁架组成的50000kN钢屋盖结构顶推滑移45m；精调定位。

6) 固定钢屋盖的柱脚，拆除滑道。

7) 吊装南、北两个跨端的剩余结构，主楼钢结构安装完成。

(2) 施工总平面布置（图5-16、图5-17）

1) 在主楼北侧与指廊之间70m宽的场地上布置平拼胎架和立拼胎架。

2) 平拼胎架与立拼胎架之间设置12m宽的起重机开行道路，供主桁架从平拼胎架到立拼胎架的就位和组拼。

3) 立拼胎架与主楼之间设置12m宽的起重机作业通道，供起重机在跨内吊装次桁架和檩条。

4) 人字柱在立拼胎架东侧Ⓟ轴上安装；四肢柱在立拼胎架西侧Ⓐ、Ⓒ轴上安装。

5) 沿钢柱脚纵轴（Ⓐ、Ⓒ、Ⓟ轴）设三条滑移滑道，供钢结构滑移用。

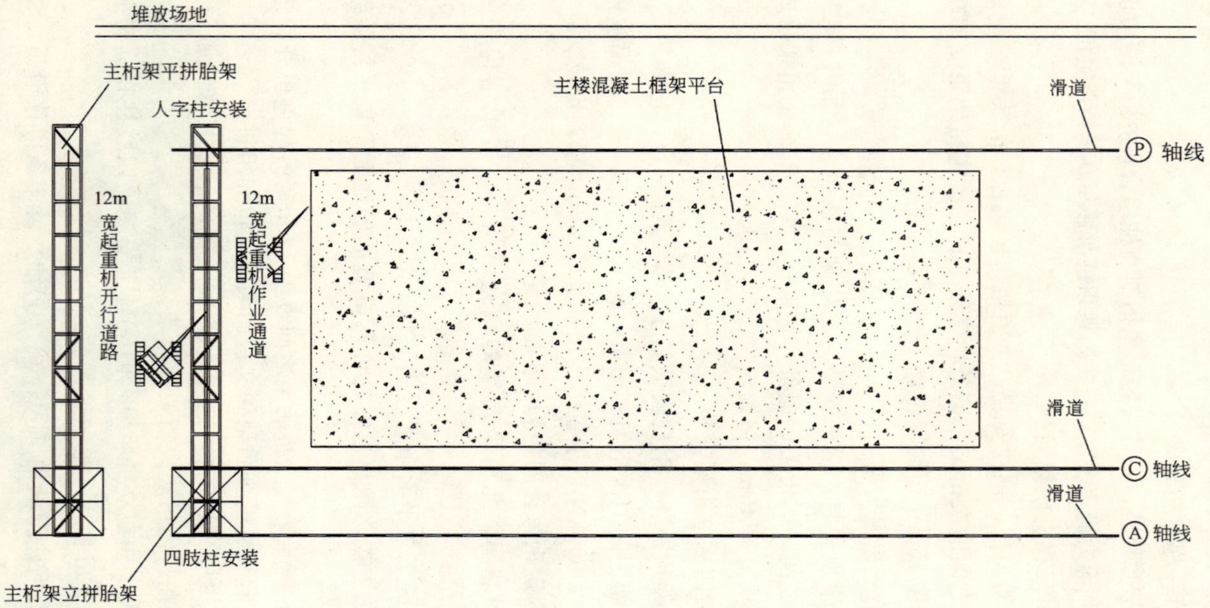

图 5-16 钢结构安装施工平面示意图

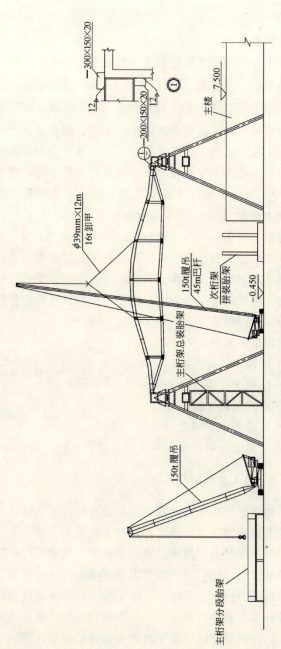

图 5-17 钢结构次桁架施工立面示意图

(3) 顶推点设置

顶推点设置在钢结构柱脚上。每榀主桁架有 6 个柱脚，其中 2 个是东侧人字柱的，处于Ⓟ轴上；4 个是西侧四肢柱的，分处于Ⓐ轴和Ⓒ轴上。整个结构共有 24 个柱脚。如果每个柱脚都作为顶推点，虽然每点的顶推力小了，但是顶推设备的规模相当大，成本太高。因此决定将顶推点减少一半，每榀桁架用 3 点顶推，在人字柱上设 1 点，四肢柱上设 2 点，整个结构共设 12 个顶推点。经计算，在摩擦系数为 0.2 的条件下，顶推点的最大推力为 1000kN（实际摩擦系数不超过 0.1）。顶推千斤顶的能力为 1300kN，因此设置 12 个顶推点是可行的。

由于在钢柱的前后脚之间靠近地面的位置设有钢连杆，顶推千斤顶无法安装在前柱脚上，因此顶推点都设置在主桁架的后柱脚上。从受力情况和动力效应看，不如设在前柱脚好，但在润滑条件良好的情况下，亦能满足要求。

(4) 顶推控制要求

1) 钢结构平移加速度≤0.1g。
2) 钢结构平移速度为 4~5m/h。
3) 位移控制精度为 5mm。
4) 平移时各点之间距离偏差不超过±10mm。
5) 动态负载控制要求为不超过各顶推点的计算负载。

5.4.4 施工监测措施

钢结构顶推平移是由计算机控制自动进行的，钢结构在平移中的姿态也是由计算机通过传感器来检测和调整的。虽然计算机的控制精度很高，但传感器作为一种电气装置，不能不考虑到它的故障率、受干扰和环境因素影响，以及在建筑工地受意外碰撞损坏的情况，因此，安排工程现有的测量技术对钢结构姿态进行监测，并由各顶推点操作员在行程中观察滑道"擦边"情况，行程结束时测量平移距离，提供多重保险。

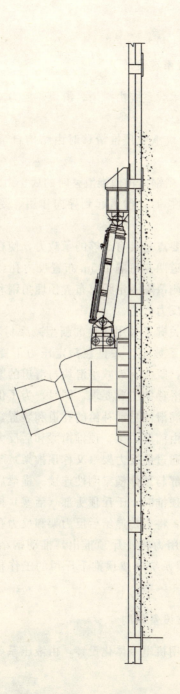

图 5-18 顶推点设施图

127

5.4.5 承载系统设计

顶推平移的承载系统由滑道、滑块、反力架等组成。承载系统的作用如下：

1）滑道、滑块承受顶推滑移时由结构自重及摩擦力引起的三向反力。

2）反力架承受钢结构顶推滑移时的后坐力。

3）钢结构滑移时，滑道起到导向作用，受到一定的附加侧向力。

滑道设计的要点是具有足够的承载力，使在顶推中不发生变形和沉降；滑道两侧每隔 1.5m 布置反力孔，在顶推时安装反力架；滑道两侧每隔一定距离布置预埋角钢和钢板，承受反力架传来的顶推反力。

滑块设计的关键是采用优良的新型减摩材料制作减摩板。减摩板要求摩擦系数小，并且在额定压力下变形小、磨损率小、时效蠕变小，既能有效减小滑块与滑道的摩擦力，又经久耐用，符合顶推滑移的工况要求。同时，为了保持良好的润滑条件，还设置了润滑油自动补给的孔道和装置。

反力架主要由前反力架、顶推横梁和后反力架等组成。顶推千斤顶的尾部通过前反力架（又称顶推架）与钢柱脚刚性连接，千斤顶的头部与顶推横梁刚性连接。横梁后面是插在反力孔的后反力架。顶推时，千斤顶头部（活塞）伸出，通过横梁顶在后反力架上，将力传递给后反力架和反力孔，后反力架和反力孔通过反作用力将千斤顶推出，推动钢结构滑移（图5-18）。设计反力架系统时按顶推千斤顶的工作推力 1300kN 作为计算载荷。

5.4.6 顶推设备研制

顶推设备采用机电一体化设计，由液压系统、电气系统和计算机系统组成,以计算机系统作为控制部件,以电气系统作为驱动和连接部件,以液压系统作为执行部件,形成一套可以按需组合、灵活布置的模块化结构的新型施工设备。

液压系统包括液压千斤顶、液压阀组、液压泵站和高压油管等。电气系统包括总控箱、单控箱、泵站控制箱、各类传感器、控制电缆和动力电缆、电源等。计算机系统包括控制计算机、操作计算机、编程计算机、远程输入输出模块(RIO)和现场总线等(图5-19)。

顶推设备的研制,首先要完成总体设计,包括总体原理、功能、构成设计。其次要完成各系统的设计。液压系统的设计

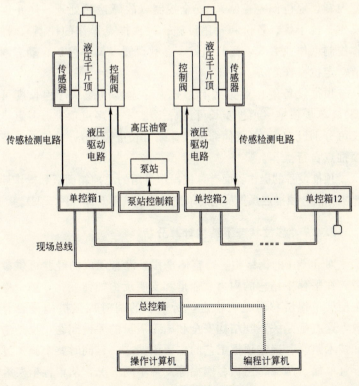

图 5-19 顶推设备构成原理图

主要是液压控制回路设计；液压千斤顶选择；液压控制阀选择；液压系统现场布置及附属机构设计。电气系统的设计主要是液压驱动电路设计；传感检测电路设计、传感器研制；供配电设计；总控箱、单控箱、泵站控制箱等电气装置设计。计算机系统的设计主要是控制逻辑设计；计算机硬件选型、输入输出接口和现场总线设计；控制软件编制、操作监控软件编制等。

顶推设备的核心是计算机控制软件。控制软件的功能包括液压集群控制（行程控制、时序控制、启停控制）、施工偏差控制（综合控制策略、位移偏差控制、负载偏差控制、行程匹配控制、定位偏差控制）、安全控制（故障检测处理、防止误操作、抗干扰、备份和备用设施、对顶推点操作的控制）、操作控制（作业方式、运行监控、参数设置、调整修正、动态调节、定位操作）等。

顶推设备的作业方式有总控——连续顶推（行程长度可调）、单步顶推（顶推步长可设）；分控——多点顶推（各点步长可分别设定）、单点伸缩缸（伸缩缸长度可设）；单控——各顶推点自行操作。

顶推设备的操作界面有总控操作员用的总控箱面板和操作计算机界面，顶推点操作员用的单控箱面板（图5-20～图5-23）。

5.4.7 移位状态下结构计算分析

对5000t的钢结构进行整体平移，没有现成的经验可供参考。在平移中结构的内力、变形和支座反力如何变化，第一榀主桁架单榀滑移时是否稳定，所采取的临时加强措施是否有效，这些都是关系到结构安全和施工质量的关键问题，也是论证技术路线、确定顶推工艺的主要依据之一。同时整个施工过程有单榀、两榀、三榀、四榀等4种不同工况，从单榀桁架滑移到四榀整体大空间滑移，其结构内力和变形规律是不同的，

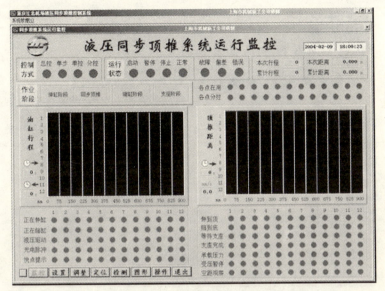

图 5-20 顶推系统操作界面

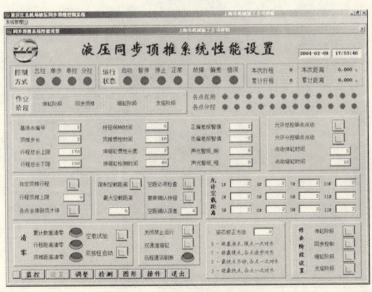

图 5-21 顶推系统参数设置界面

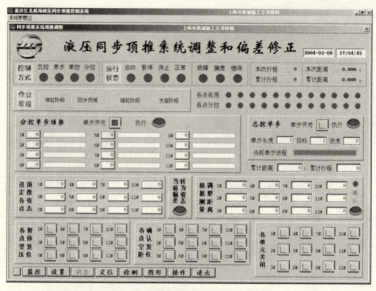

图 5-22 顶推作业调整修正界面

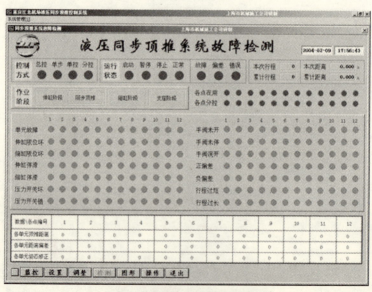

图 5-23 顶推系统故障检测界面

顶推点的支座反力也会随工况的变化而变化。只有掌握各种工况下的内力分布和变形情况，提供各种工况下的支座反力，才能指导顶推系统的设计，明确各种工况下的控制要求，保证工程顺利实施。

因此依据相应规范，应用计算机进行结构计算和分析。计算的荷载条件是结构自重、沿滑道方向的水平力、风荷载、由于同步误差产生的偏斜侧向力、起动惯性力。支撑条件是各柱脚底部为铰接，主桁架与柱是圆柱铰。

通过计算，得出各种工况下内力分布图、变形分布图、按强度计算的最大内力、按平面稳定计算的最大内力、最大变形，以及单榀滑移时的整体稳定性，增加稳定措施后的内力分布和变形分布等。计算分析的结果验证了顶推滑移的结构稳定性和安全性，以及结构加强措施的合理性和有效性。

通过计算，还得出各种工况下支座反力，包括垂直反力、水平反力、摩擦力，以及液压千斤顶压力，从而确定了施工阶段各顶推点的额定负载，为计算机控制系统进行动态负载控制提供了明确具体的依据。

5.4.8 三向承力的滑道及滑道梁设计

本工程在顶推平移过程中，柱底竖向反力最大达2500kN，如果滑道梁发生变形沉降，不仅会使结构产生附加应力，而且会大大增加顶推阻力，影响工程顺利实施。在确定平移方案前，对现场的地基条件进行调查和了解，滑道梁所处的Ⓐ、Ⓒ、Ⓟ轴部位，绝大部分为原状泥岩，经测试，地基极限承载力达 $1220kN/m^2$（但经雨水侵入其强度会显著降低），支承条件极为有利。因此滑道梁采用垫梁形式，将集中荷载扩散至 $600kN/m^2$ 左右，较经济地解决了竖向荷载的承载问题。

由于人字柱一侧向内倾斜，使柱底产生水平反力。经计算，每个柱脚处的水平反力约 20t 左右。在设计支承座（滑块）与槽钢滑道时考虑侧向接触，以抵抗水平荷载。水平荷载通过滑道传递至滑道梁，故滑道梁采用埋入方式，嵌在泥岩地基中。

滑道梁还承受顶推时的纵向顶推力。由于顶推时 12 组千斤顶同时作业，将总顶推力分解至 12 个不同部位，每台千斤顶顶推力小于 1000kN，在滑道梁上设立了方钢管反力座插孔，并设置了抗剪埋件来传递纵向顶推力，实践证明，滑道梁的设置是可靠的。

5.4.9 减摩技术与减摩材料优选

在顶推滑移中采用滚动摩擦，虽然顶推的摩阻力较小，但是滚动支座难以承载各顶推点 250t 的竖向荷载，也难以处理侧向荷载，因此采用滑动摩擦副来设计支承座（滑块）和滑道。

为了满足承载条件，减小摩擦系数，采用多种不同的减摩材料进行模拟试验和工艺性考核。经过近半年多种材料的带载往复顶推试验，最终选用"华龙"减摩板和不锈钢板、镀锌钢板配合，构成摩擦副。其设计压强≤12MPa，在润滑良好时，静摩擦系数为 0.07，动摩擦系数为 0.05，与滚动摩擦相当。而且"华龙"板的磨损率和时效蠕度小，能够很好地满足顶推滑移的施工要求。

与"华龙"板配合用不锈钢板比镀锌钢板更好，但其成本较高。在实际施工中只在每次顶推的起始阶段用不锈钢板，其余都用镀锌钢板。因为起始阶段，桁架的柱脚在滑道上支压了较长时间（两次顶推间隙 15d 左右），首次推动的静摩擦比较大，使用不锈钢板较好，以后的静摩擦相对较小，用镀锌钢板足以胜任，降低了施工成本。

同时，为了保持良好润滑条件，在滑块上还设置了润滑油自动补给的孔道和装置。

在施工全过程,顶推摩阻力始终小于 0.1,而且除个别连接螺栓发生断裂外,减摩板没有损坏,因此减摩材料的选用和滑动摩擦副的设计是成功的。

5.4.10 整体顶推中的姿态控制技术

顶推平移中可能出现的偏差是位移、负载、方向、加速度等多方面的。其中主要矛盾是负载偏差,因为其他偏差往往会影响负载变化,而且负载偏差超限会导致结构内力和变形超限,影响结构安全。一般来说,顶推中各点负载正常,就意味着顶推正常。因此在顶推中以负载偏差控制为主,到最终定位时才以位移偏差控制为主。

在顶推中导致负载增加的因素主要有顶推阻力增大(滑道滑块异常变形、有异物或润滑条件变坏等)、部分顶推点的液压性能降低(液压系统漏油或损坏等)、以及钢结构的姿态变化(方向偏斜、导致擦边或卡轨、部分点的位移偏差变化、使负载分布随之变化等)。其中姿态变化是主要矛盾,因为滑道滑块和液压系统的问题,属于故障性质,一旦发生可以停机检修,排除后就可恢复正常施工,而且加强维护可以减少甚至避免故障发生,而姿态变化却是顶推过程本身的伴随者,不可能消除,只能加以调节控制。

由于本工程 12 个顶推点位于 3 条纵轴 4 榀桁架,形成 3×4 的矩阵分布,点与点之间、线与线之间都互相影响。例如某一点位置超前了,对前面的点会产生推力,对后面的点会产生拉力,对左右的点会产生扭力;处于外侧的竖线超前了,可能使顶推方向朝另一侧偏斜,本侧的侧面阻力会减小,另一侧的就可能增大。因此进行姿态控制应当考虑点、线、面的效应和动态效应。因此需要研究编制姿态分析软件,辅助操作人员进行姿态分析,选择姿态调节方法,决定调节目标和调节量。同时在控制系统中设置一系列由操作员选择、由计算机执行的动态调节技术，可以实现如下功能：

1) 施加于目标点的直接调节；施加于相邻点的间接调节。
2) 点上调整；线上调整；面上调整。
3) 一次调整到位；分次逐步到位。
4) 临时性调节；持久性调整。

经顶推施工中的实际观察和动力效应测试表明，姿态调节的效果非常明显。在第三、四次顶推中，往往施加5mm的调节量就可使目标点的负载增减10%～30%。又如在第四次顶推的第九行程时顶推点操作员和动力效应测试人员均报告Ⓟ轴"擦边"，仅一次调节就予以纠正。

通过控制和调节，使各顶推点相对位置趋向合理，减少了外侧滑块的"擦边"现象，降低了顶推的整体阻力，提高了顶推速度，也改善了结构的动力效应。

5.4.11 整体顶推中的精确定位技术

由于顶推平移的特点是只进不退，钢结构的体积和重量又很大，最终定位时一旦推过头，难以纠正；如果最终定位时大部分点到了，少数点还有差距，校正也比较困难，特别是那些负载大的顶推点，单独校正有可能推不动，而且可能造成较大的结构变形。因此既要高精度定位，又要力争所有点同时到位。为此分以下三步进行每次顶推结束时的定位。

1) 预调 从"负载偏差控制为主"转换到"位移偏差控制为主"，消除姿态调节带来的位移差值。

2) 初调 将顶推距离的测量数据输入计算机，修正位移传感器的累积误差，消除实际位移偏差。

3) 精调 在最后一个行程将测量的顶推余量输入计算机，计算机据此扣除液压惯性量后算出各点的顶推步长，使各点同时一步到位。

为使定位控制安全可靠，采取如下技术措施。

1) 自动提示。在需要进行预调、初调、精调的时候，计算机自动暂停并提示总控操作员。

2) 余量控制。计算机随时比较每次顶推量（顶推行程长度或顶推步长）和顶推余量，防止因总控操作员的疏忽导致推过头。

3) 液压滞后性和顶推惯性的检测和修正。液压系统对计算机的响应具有一定的滞后性，几千吨的钢结构顶推时又存在一定的惯性（据检测，第三、四榀桁架顶推时滞后和惯性总计约为5mm）。在偏差控制程序中，设置了自动的检测分析功能，随时采集液压滞后和惯性数据，供总控操作员对最终定位量作修正。

4) 微调操作。虽然力争各点同时一步到位，但也要准备微调手段，以备需要时进行未到位点的微调。微调手段主要有分控状态下的各点单步顶推（各点步长可分别设定）、顶推点的关闭功能（可关闭所有已到位的点）。

5.4.12 经济效益和社会效益

（1）对工程总工期的贡献

该工程投标时，主楼钢结构安装作为关键线路，工期5个月。采用新工艺后，仅用3个月20天完成，工期提前40d左右。主楼钢结构安装时，主楼西侧和主楼跨内混凝土平台下的其他工序施工照常进行，不受影响。因此本课题的研究和实施，为机场改扩建工程的及时完成作出了贡献。

（2）建设费用的降低

采用"跨端组合、累积滑移、计算机控制液压同步顶推"新工艺后，大大降低了造价。因效率提高，大大降低了机械台班费。

（3）使钢结构施工技术得到发展

图 5-24 第一榀主桁架在立拼胎架上与组合柱拼装组合,准备顶推

图 5-25 第二次顶推,雨中施工

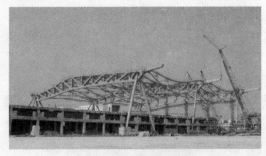

图 5-26 第三次顶推

本工程研究开发的计算机控制液压同步顶推技术和设备，可以用于类似结构或类似要求的钢结构安装工程，使我国钢结构施工技术得到了发展，促进了建筑业技术进步。顶推安装过程如图 5-24～图 5-28 所示。

图 5-27　第四次顶推

图 5-28　主楼钢结构顶推平移完成

5.5　工程应用实例——东航双机位机库超大型网架整体提升工程

5.5.1　工程概况[3~4]

该工程为中国东方航空公司在上海虹桥机场北区"707"

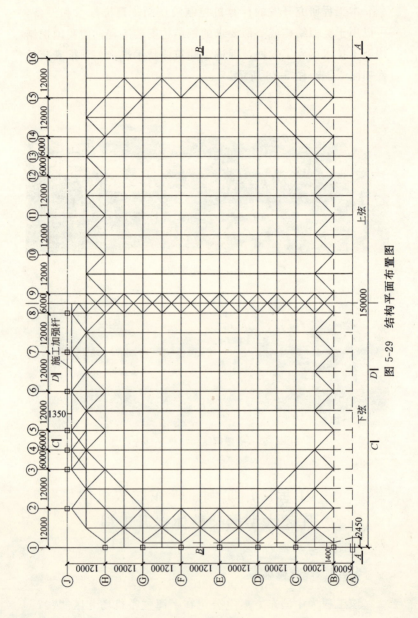

图 5-29 结构平面布置图

机库东侧建造的维修机库,又称双机位机库。该机库的大门处轴线跨度150m,纵向深度90m,建成后同时安置两架波音B747或空客A340大型宽体客机进行维修保养。

机库的结构主要由混凝土柱子和钢屋盖网架两大部分组成(图5-29、图5-30)。

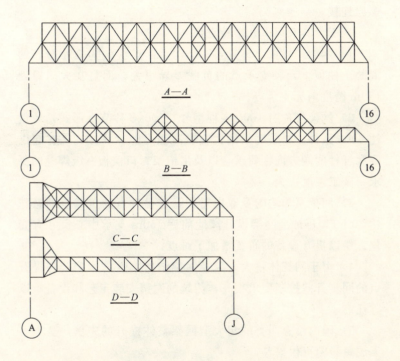

图5-30 结构部分轴线立面图

第一部分为32根混凝土柱子呈Ⅱ形布置。除Ⓐ轴2根截面为4m×2m,壁厚为0.4m的矩形柱外,其余Ⓑ~Ⓙ轴均为四肢组合柱。机库大门Ⓐ轴、Ⓑ轴共4根混凝土柱的柱顶标高为22.5m,其余混凝土柱的柱顶标高为25.9m。

第二部分为钢屋盖网架。网架的轴线内投影面积13500m², 总重量3200t, 支承在32根混凝土柱顶上的球形铰支座上。

网架的结构形式为超大跨度的型钢板节点桁架空间结构（跨度为150m）。钢板节点采用21万套大六角和扭剪型高强度螺栓连接。

该工程具有以下几个特点：

1) 网架跨度大、体量大、结构重，支承在呈Π形分布的混凝土柱顶上，各支承点的负载差异很大，而且在大门口处150m跨度内无支承点。

2) 网架杆件有1000多种型号，300多种节点形式，数量达5000余件。拼装时采用大直径高强度螺栓联接，又有起拱度和杆件两端方向性要求，以及主桁架封口盖板一级焊缝的要求，施工难度很大。

3) 网架系非均匀及双向对称，各提升点的负载差别悬殊达20∶1，再加上网架提升离地前后150m支承中心尺寸有变化。所以提升设备的布置增加了难度。

4) 由于网架体量大，以及网架结构刚性的影响，各提升点的同步升差控制要求很高，传统的网架安装工艺和设备难以胜任。

5) 国内没有同类的超大型网架整体提升的先例，基本上无成熟经验可供借鉴。

5.5.2 整体提升工艺

(1) 整体提升施工方案

网架的整体提升采用"钢绞线悬挂承重、计算机同步控制、液压千斤顶集群整体提升"的施工工艺，并且利用机库使用阶段永久柱作为提升施工阶段的承重柱，使施工阶段和使用阶段网架受力基本一致，省去了辅助柱设置及相应的地基加固。

(2) 整体提升网架的范围

为确保提升阶段群柱的稳定，柱子间两道混凝土走道板在网架整体提升前要形成整体，四肢组合柱除内侧一道混凝土连梁改为型钢临时连梁，其余三面混凝土运梁与四肢连成一体。整体提升网架的范围限制在轴线以内，①、⑯、⑴轴线上杆件及与提升时有妨碍的杆件均不在整体提升范围内。

(3) 整体提升网架的形式

为进一步加强网架整体提升阶段承重柱的稳定，采用中心提升的形式，使承重柱四肢均匀承载；为减少提升承重柱上加设的工作柱高度，提升点设在网架下弦上，将提升点处桁架改为切斜角形式。

(4) 提升吊点的确定

根据整体提升网架的形式，可设置提升吊点的承重柱为30个（除J1、J16两根角柱外），但是经过计算分析，发现用26个提升吊点完全满足网架整体提升的要求，因而省去了4个吊点。

(5) 液压千斤顶的设置

按26个吊点进行网架受力计算，并考虑施工中各种不利工况，确定各吊点最大受力为施工负载值，再取适当的安全系数，在现有设备条件下，将各种规格的千斤顶合理组合，最终定出每个吊点设置千斤顶的规格和数量。

(6) 网架整体提升过程中各提升点高差控制要求

1) 以 B1 提升点为网架提升阶段水平控制基准点。

2) 其余提升点与 B1 基准点间高差值≤5mm。

3) 控制 A1 提升点高度不低于 B1 提升点，A16 提升点高度不低于 B16 点。

4) 网架整体吊点高差≤30mm。

5.5.3 整体提升设备

网架整体提升设备主要由计算机控制系统和液压执行系统组成。

(1) 计算机控制系统

计算机控制系统的作用是控制液压执行系统进行提升作业，并始终保持网架的正确姿态，使各项施工偏差小于设计允许值。

计算机控制系统主要由主控制室、吊点控制柜、行程传感器、高度传感器、电气控制线缆、开关箱柜、以及通讯装置等组成。

(2) 液压系统

液压系统由工作柱、工作台、承重梁、液压千斤顶、液压泵站、控制阀组、钢绞线、专用吊具、提升锚、保险锚、导向锚、导向架等组成（图 5-31）。

1）工作柱

工作柱设在每个提升吊点的混凝土柱顶上。按其承受提升负载的大小，以及混凝土柱子截面形式，分为四类，即Ⓐ轴工作柱、Ⓑ轴工作柱、J4（J7、J10、J13）工作柱和一般工作柱。

2）工作台

工作台是安装在工作柱顶部，并和工作柱配套使用的，因此与工作柱一样，也分为四类。

3）承重梁

承重梁分为两大类，即 500kN 级千斤顶搁置的承重梁和 2000kN 级千斤顶搁置的承重梁，简称 500kN 承重梁和 2000kN 承重梁。

4）液压千斤顶

选用穿心式液压千斤顶，提升能力分别为 2000kN 级和

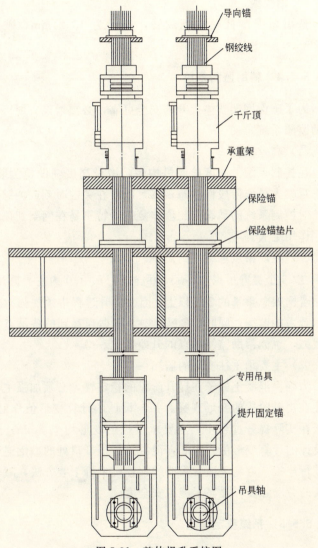

图 5-31 整体提升系统图

500kN 级，每台 2000kN 级千斤顶内穿有 19 根钢绞线，每台 500kN 级千斤顶内穿 6 根钢绞线。

5) 钢绞线

选用高强度低松弛钢绞线，直径为 15.24mm，破断拉力 260kN。

5.5.4 辅助监测系统

为了确保网架整体提升的安全可靠，必须增设方便可行的辅助监测系统。

(1) 高差监测

在控制系统的高度检测机构旁，增设高度辅助检测装置，安排观察人员作阶段性静态观察，以便在关键时刻或关键高度处，对控制系统的动态检测值作复核，特别是在网架到顶定位时，作用更大。

(2) 主要吊点承载力的监测

在26个提升吊点中，Ⓐ、Ⓑ轴和J7、J10为主要提升点，承受着网架总重量的2/3以上，因而提升过程中须加强对这些点承载力的监测。同时，在提升中，根据观察到的各吊点实际承载力，也能帮助监测吊点的升差变化。

(3) 主要承重柱变形的监测

为确保混凝土柱子在提升阶段的稳定性，必须加强主要承重柱在提升阶段的变形观察，并与设计的计算变形值作对比。由于在实际提升过程中，主要承重柱的变形均 < 3mm，远小于设计的计算变形值。因此，混凝土柱子开口处的型钢连梁没有进行连接，避免了通常采取的钢连梁上拆下装方法，减轻了工人的劳动强度，提高了施工安全度。

5.5.5 系统稳定措施

(1) 永久柱间支撑

永久柱间支撑位于 J7~J8、J9~J10、Ⓓ~Ⓔ、Ⓔ~Ⓕ跨内。在永久柱间支撑所在的混凝土柱顶与钢工作柱之间再增加一道施工柱间支撑。

（2）施工柱间支撑

Ⓐ～Ⓑ、Ⓑ～Ⓒ两跨间增设施工柱间支撑，是对Ⓐ、Ⓑ轴混凝土柱及工作柱在提升阶段稳定性的保证措施；J4～J5、J12～J13的柱间支撑分别承受来自J4～J13处抗风滑道传来的水平负载。

（3）Ⓐ轴柱外侧的支撑立架

Ⓐ轴柱外增设的支撑立架，主要承受Ⓐ轴柱内开口处抗风滑道处传来的水平负载。立架和Ⓐ轴柱形成一个组合体系，以增加Ⓐ轴柱的稳定（图5-32）。

（4）走道板八字撑

为加强Ⓐ轴柱开口处的稳定，抵抗南侧来的水平力，在Ⓐ～Ⓑ跨走道板南端增设八字支撑，将Ⓐ轴柱和走道板连接。

（5）工作柱柱顶水平支撑

为加强提升工作柱的稳定性，工作柱之间利用今后安装压型钢板用工22a工字钢进行连接。相邻工作台高度处于同一平面时，工字钢直接搁置在工作台上，并按要求与工作台进行焊接；相邻工作台高度不在同一平面时，工字钢一端搁置在较低的工作台上，另一端搁置在较高工作台（或工作柱）一侧设置的临时钢牛腿上。

5.5.6 风荷载和抗风措施

（1）风荷载的状态

工作状态风荷载≤四级风。

非工作状态风荷载为提升月份的30年一遇、10min时距平均最大风速。

（2）抗风措施

1）工作状态抗风措施

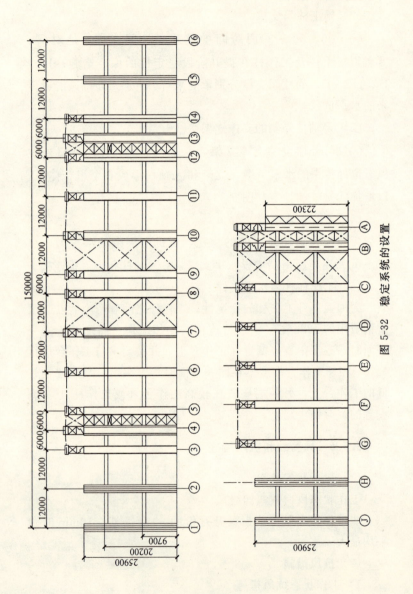

图 5-32 稳定系统的设置

在A1、A16、J4和J13柱处设置由导轮和滑道组成的抗风滑道机构，网架整体提升时，导轮沿着滑道滚动而上，以此控制网架提升阶段承受风荷载等水平力产生的位移。应注意控制好导轮与滑道之间的间隙，以保证滑道畅通，确保提升系统的安全。

2）非工作状态抗风措施

采取浪风系统承受风荷载，浪风绳一端系在网架下弦节点上，另一端系在混凝土柱子的根部，采用对拉方式固定整个网架。

5.5.7 网架的安装固定

网架整体提升到顶，高度超过混凝土柱搁置标高300mm左右时应停止提升。安装相应的搁置钢肩梁和球铰支座，调整好标高后，将网架整体下降到球铰支座上。最后，按设计要求进行焊接固定。

5.5.8 指挥通信系统

网架整体提升前，制定以岗位责任制为核心的规章制度，明确每个施工人员的岗位和职责。同时，建立一套完整的指挥联络体系，做到统一指挥，有条不紊。

通信系统由对讲机、有线电话和扩音喇叭组成。通信系统的使用应与机场有关部门协调，确保通信联络的畅通。

5.5.9 经济效益及社会效益

与类似机库施工实绩对比，由于顺利实施不设临时辅助柱的整体提升，节约了施工费用。由于屋盖网架整体提升安装顺利完成，使东航40号机库得以早日建成投产，东航不再因无大型维修机库而将大型飞机送往国外维修，为国家节约了巨资。同时，也为民航机场、机库的建设提供了先进技术、成功经验和优良设备,为中国民航事业的发展作出了贡献。同时,通过本工程的实施,进一步发展了整体提升工艺,创造了新颖的整体提升设备,增强了企业的施工能力和技术水平,有利于钢结构建筑新技术、新工艺的应用和发展,有利于高新技术在施工行业的推广应用,有利于推进中国建筑业的机械化、电子化、自动化和现代化进程(图 5-33)。

图 5-33 整体提升中的东航双机位机库

参考文献

[1] 吴欣之,陈晓明,罗梦恬等.大型壳体钢结构安装施工——国家大剧院.建筑施工,2005,6

[2] 吴欣之,王云飞,朱伟新等.重庆江北机场航站楼巨型钢结构整体平移安装技术.中国工程机械工业协会施工机械化分会 2004 年会论文集,2004—08;83~88

[3] 王云飞,崔振中.大跨度柱面网架折叠展开提升技术.建筑机械化,2003(3):24~26

[4] 王云飞,崔振中.上海东航 40 号机库 150m 跨钢屋盖整体提升技术.建筑施工,1996(5):1~3

[5] 中华人民共和国国家标准.钢结构工程施工质量验收规范(GB 50205—2001).北京:中国建筑工业出版社

第6章 地下结构移位控制技术

6.1 概　　述

6.1.1 地下结构移位的原因和种类

随着国民经济的快速发展，我国各大中城市的地下工程活动日益增多。各种城市地下工程活动会使建（构）筑物基础、道路路基和路面、立体交通枢纽各类地下管线等市政设施产生各种移位，如建（构）筑物的沉降和不均匀沉降、建（构）筑物的水平移位等，这些移位不同程度地影响甚至危害了建（构）筑物的使用功能和安全。建（构）筑物产生各种移位有如下几方面的原因：

1) 各种建（构）筑物的基础在设计和施工方面有缺陷或不完善（从结构受力方面分析）。建筑物的设计偏重于非对称的美学艺术，造成建筑结构的不匀称；上部结构对地基施加的荷载作用不均匀，甚至差异较大；结构重心与荷载中心偏离；沉降缝布置欠妥等因素造成建筑物产生倾斜。

2) 地基勘察和勘探点布置不全面或者勘探点深度不够。对大型高层建筑有的仅做了建筑物本身的地基勘察，未做区域性地质调查，地下情况不明就提出地质勘察报告。

3) 地基内土层不均匀，填土层厚薄或松密不一；设计人员对各层岩土的类别、结构、厚度、坡度未加分析研究就采用一些不合理的勘察参数，导致基础设计错误；有的拟建场地内有未勘明的暗浜、沟谷等不良工程地质现象，造成先天性的缺陷。

4）建（构）筑物建成使用后，由于地面常年积水，造成地基土局部软化塌（湿）陷，使得地表建筑发生倾斜。

5）施工质量不佳，如桩的断缺或夹芯；桩的入岩深度不足，造成浮桩；建筑物深基坑开挖后，地下水涌入；主楼和裙楼同时施工及混凝土浇筑质量等对建（构）筑物的影响。

6）在大都市中，建筑物密集，各种地下工程活动使构筑物的地基土产生扰动或破坏。这里涉及的各种城市地下工程活动包括：各种盾构隧道掘进施工；深、大基坑开挖施工；预制打入桩和静压桩的沉桩施工；既有地铁车站旁边后续换乘车站工程的施工，对已运营、已建地铁车站及区间隧道以及对城市立交、高架桥桩的影响；市区沉井下沉；施工降水；新建构筑物施工对相邻已建构筑物的影响等[1、2]。

从土力学角度来看，使建（构）筑物产生各种移位的主要原因包括：

1）土体的应力、应变状态的变化。
2）土体的含水量和孔隙比的变化。
3）土体颗粒骨架的黏弹塑性变形，即土的流变。
4）土体的结构破坏。
5）土体的化学成分的变化等[3]。

6.1.2 地下结构移位控制的方法

地下构筑物移位的控制技术包括构筑物的地基加固、纠倾及迁移等。当建筑物沉降或沉降差过大，影响构筑物正常使用时，有时在进行加固后尚需进行移位控制。具体来说就是要对构筑物纠倾和顶升。所谓纠倾是将偏斜的建筑物纠正，纠倾的途径有两种。一种途径是将沉降小的部位促沉，使沉降均匀而将建筑物的偏斜纠正；另一途径是将沉降大的部位顶升，将建筑物的偏斜纠正。顶升法有时也用于虽无不均匀沉降、但沉降量过大的建筑物，通过顶升使之提高到一定高度。促沉纠倾有两类：一类是通过加载来使地基变形达到促沉纠倾的目的；另一类是通过掏土来调整地基土的变形达到促沉纠倾的目的。掏土有的直接在建筑物沉降较少一侧的基础下面掏土；有的在建筑物沉降少一侧的外侧地基中掏土[1、4]。另外，移位控制技术还包括国内近来发展起来的CCG注浆法等[5、6]。

6.2 注浆法移位控制技术

6.2.1 一般注浆法简介[3~9]

注（灌）浆技术（Grouting）是岩土工程学的一个分支，属于地基处理的范畴，是由经验方法逐步完善成为一门具有一定理论体系的技术，到现在已经有约200年的历史。注浆技术大致经历了几个发展阶段，由原始黏土浆液注浆、初级水泥浆液注浆、中级化学注浆发展到今天的现代注浆阶段。

1802年，法国人查理斯·贝里格尼（Charles Berigny）在修理河道的挡潮闸时，用一种木质冲击筒装置，采用人工锤击方法向地层挤压黏土浆液，被认为是注浆技术的开始。这之后的50多年中，注浆技术一直处于原始萌芽阶段，方法原始，材料简单。硅酸盐水泥的诞生给注浆发展带来了机遇，英国的基尼普尔在1856~1858年间用水泥进行了一系列注浆试验，并获得成功，这是第一次用水泥作为注浆材料。注浆材料和设备的进步，使注浆得以广泛地应用于工业与民用建筑、地铁、矿山等领域。1920年荷兰工程师尤斯登首次采用水玻璃、氯化钙双液双系统二次压注法，开创了现代化学注浆方法。之后，大量的有机无机材料被开发应用到注浆技术中，取得了良好的效果，并且促进了注浆理论和工艺的发展。上个世纪60

年代末出现的高压喷射注浆技术,标志着注浆技术进入到了一个新的阶段。到今天,注浆技术已经发展成为针对治水防渗、地层加固、地基加固等目的,适用于不同条件的门类齐全的注浆体系。

注浆的分类较多,根据注浆施工时间、注浆材料、工艺流程、受注对象等标准有多种分类方法。根据浆液在岩(土)层中的运动形式和浆液对注浆对象的作用方式可以分为以下几种类型。

(1) 充填或裂隙注浆 (Fill or Fissure Grouting)

岩体裂隙、节理和断层的防渗注浆;或者洞穴、构造断裂带、隧道衬砌壁后注浆;或者采空区注浆、回填土的孔隙填充注浆等都属于此类。其形式是将一定的浆液注入岩(土)体的空穴、裂隙内,通过浆液由液相转变为固相,以达到填实加固和止水的目的。以防水为目的的帷幕注浆主要使用防渗材料;以岩体加固为目的的固结注浆主要使用高强度材料。土层充填注浆一般注浆深度不大,静压注浆即可;岩层裂隙、采空区注浆一般注浆深度大,压力也较高。

(2) 渗透注浆 (Permeation Grouting)

渗透注浆是在不足以破坏土体结构的压力下,把浆液注入到粒状土的孔隙中,从而取代和排出其中的空气和水。浆液一般是均匀地扩散到土颗粒间的孔隙内,将土颗粒胶结起来,以达到增强土体强度和防渗能力的目的。浆液在土体中的运动形式取决于注浆的方式,或呈球面扩散,或呈柱面扩散。

(3) 压(挤)密注浆 (Compaction Grouting)

压密注浆通常是指土体的压密注浆,可以适用于中细砂和能够充分排水的黏土。压密注浆是指浆液在压力的作用下,通过钻孔挤密土体,以达到加固目的。由于浆液材料的不同,浆液体在土层中的膨胀会以不同的形状出现[10,11]。对于像砂浆、细石混凝土等一些极稠的注浆材料,浆液的颗粒较大,浆液在土体中只能形成球状或者圆柱状的浆泡，浆液体的主要运动形式就是球状或圆柱状膨胀，浆液对土体的作用方式也以径向挤密土体为主。对于以水泥浆为主剂的单、双液注浆材料，情况有所不同。在注浆开始阶段，浆液也是在出浆口附近做球状或圆柱状的膨胀，对周围土体以径向挤密加固为主；随着受注点浆液体压力的升高，浆液可能水平劈裂土体而形成浆脉，在这一转变过程中浆液压力会暂时下降，但随着浆液在浆脉处的继续膨胀，压力又逐渐上升。这时，浆液对土体的作用方式以浆脉对土体的竖向挤压为主，从而在土体中形成较大的向上的压力。这种情况在水泥-水玻璃双液注浆中较为多见，注浆过程中产生的向上的压力对建筑物基础和沉陷路面的抬升是非常有利和有效的，也是本章将重点研究的内容（下文中的注浆如无特殊说明，就是指压密注浆）。由此可见，土体压密注浆一般能够产生两种效果：一是加固了注浆区和注浆区附近的土体，提高土的承载力；二是能够产生向上的抬升力（或者称为顶升力）。这两个特点满足了建筑物纠偏两个方面的需要，在抬升基础的同时也实现了对地基的加固，提高了地基承载力，防止发生新的沉降和倾斜。从这个角度来说，用注浆方法进行纠偏是可行的。

近些年来，针对不同的工况，压密注浆在材料、设备等方面的研究又有了很多的发展和创新。例如北京中煤矿山工程有限公司开发的振冲注浆技术就是基于压密注浆原理开发的一种新型的土层注浆技术。

（4）劈裂注浆（Hydrofracture Grouting）

劈裂注浆使用的浆液一般较压密注浆更稀，浆液在注浆压力作用下一般直接就对土体产生水力劈裂，劈裂的方向是以出浆口为中心向四周扩展的。浆液的劈裂流动最终在土体中形成网状浆脉结石体或者条带状的胶结体，这些结石体在注浆区土体中形成类似骨架的作用，从而提高了土体强度和承载力[9]。

(5) 高压喷射注浆（Jet Grouting）

高压喷射注浆的压力（20～70MPa）一般较高，流体在喷嘴外呈射流状。高压射流击破搅动土体，以浆液置换原有土体并使其以流动态上返，从而达到加固目的。高压喷射注浆多适合于砂层和淤泥质黏土层。根据喷射管的类型一般分为单管法、双管法、三管法和多管法等[12]。

6.2.2 可控的压密注浆法[5、6]

(1) CCG 注浆的产生及特点

在 50 多年前，美国人提出了一种新概念的注浆方法——压密注浆（Compaction Grouting）。根据美国土木工程师学会（ASCE）注浆专业委员会 1992 年给出的定义，这种新概念注浆是指用特制的高压泵将极稠的低流动性的浆液（坍落度＜50mm）注入到预定的土层，浆液不进入土体的孔隙，而形成一个各向同性的整体，如图 6-1 所示。该工法能够产生可控制的位移量以挤密周围松散或软弱土层，或可以人为地抬起发生沉降的构筑物。

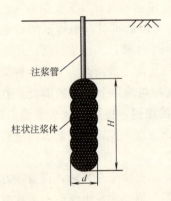

图 6-1 柱状注浆体示意

从这种新概念注浆方法的初次提出到实际应用，经历了漫长的岁月。如今，这种注浆技术在美国、日本、法国等已广泛应用，积累了相当多的经验。虽然也有不少人对此进行理论研究，但理论研究水平已经滞后实际应用发展的需要。国内已经开展了相关的研究工作，由于国内平时泛指的挤密注浆实际上是指渗入性注浆和劈裂注浆的结合，为了避免概念上的混淆，并考虑到这种注浆方法具有可控制性（controllable）的特点，国内也称这种注浆为"CCG 注浆",即 Controllable Compaction Grouting 的简称,表示真正意义上的挤密注浆。图 6-1 是挤密注浆的示意图,由于浆液很稠、坍落度比较低,浆液注入到地下土层后不进入土体的孔隙,在均匀土体中形成一个整体向周围扩大并挤密周围土体的浆泡。通过提升或下降注浆管,在注浆管的端部就可以产生一系列局部相"重叠"的浆泡,形成一柱状注浆体。在均匀土体中浆泡的形状比较规则,单个浆泡的形状一般是球形的,但在非均匀土体中浆泡的形状很不规则。浆泡的最后尺寸受很多因素的影响,土体的密度、湿度、力学性质、地表约束条件、注浆量、注浆速率和注浆压力等。

与其他形式的注浆方法相比,CCG 注浆具有这样一些特点:①浆液稠度大,浆液坍落度低(约为 50mm),注浆压力高,浆液能够按设计要求准确进入预定的范围,进入土层中的浆液不渗入土体孔隙,浆液形成一个球状整体挤密周围土体;②CCG 注浆施工方便、施工质量易于保证,地基处理深度比较大,经济性明显;③注浆施工时对邻近的结构或设施不产生有害的振动,对环境的扰动比较小,适合在建筑物密集的大中型城市使用;④所用的浆液材料主要有水泥、砂、膨润土、粉煤灰和少量添加剂,浆液不污染周围环境。另外,可以根据不同的需要设定适当的材料配比。比如,若注浆的主要目的仅仅是挤密土体,则在浆液中只用很少或不用水泥;若要在土体中形成强度较高的桩体,则浆液的配比中水泥的含量就应多一些。

(2) CCG 注浆在工程中的主要应用

1) 控制城市地下软土层中隧道掘进时引起的沉降。如盾构同步注浆,注浆的目的为防止地层变形、防渗漏、保证管片衬砌的早期稳定等。由于 CCG 注浆是有目的定向加固的手段,浆液稠密,硬化后收缩率和渗透系数小。因此,只要调整好施工参数,不但能够在盾尾离脱时有效填充结构空隙,而且能够利用较大的注浆压力控制地层的位移,及时调整盾构施工对周围的影响,同时,高强度早强的浆体也能够防水堵漏和对管片起到保护作用。CCG注浆也可用于隧道穿越时的地层变形控制。实际上,这同盾构同步注浆的目的相同。隧道穿越地下构筑物时,特别是穿越运营的地铁隧道时,微小的地层位移都会对运营隧道产生影响,必须将在建隧道对运营隧道的影响乃至施工后的长期沉降都严格控制在一定的水平上。通过对上海人民公园车站的研究发现,问题集中反映在列车运行振动对现有浆体和黏土混合加固体的振陷现象。由于不断的变形需要不断地监控和重复注浆,对施工和管理带来了极大的不便。通过CCG注浆新型浆材的配制,可缓解这一问题,同时减少反复注浆控制的频率。

2) 抬高已沉降的建筑物和纠偏已倾斜的建(构)筑物。如基坑挡墙变形控制,目前采用的作为变形控制手段之一的被动区压力注浆,实际上主要依靠注入浆体使土体中压力增大来抵制甚至反向推动挡墙向主动区发生位移。目前应用的劈裂注浆虽然在严格监控调整的情况下能够实现变形控制的要求,但甚为困难,对施工人员的要求过高,同时由于劈裂注浆产生的压力相对较小,一次注浆效果有限,常常要不断重复注入,且由于浆体的流动不确定性不能够有效地控制变形,效率较低。CCG注浆所具有的高压力和定向加固的特点,恰好弥补了劈裂注浆的缺陷。

3) 地铁车站基坑底部加固和基坑内、外侧局部补强。

4) 挤密和加固松软的土体控制基础沉降。

5) 在土体中形成柱状注浆体(桩体)与周围土体形成复合地基,提高地基承载力,减少基础沉降。

6) 特殊环境的止水和定向高强加固。由于CCG注浆的新特性,在特定的防水堵漏和基础加固托换中也能够发挥作用。

7) 减少砂土液化。

6.2.3　CCG 注浆法移位控制和加固原理

CCG 注浆施工过程中浆泡向外扩张将在土体中引起非常复杂的径向和切向应力场。紧靠浆泡的土体中将形成塑性区，离开浆泡区域中的土体则基本上发生弹性变形。CCG 注浆加固机理主要有两个方面。

（1）挤密作用

由于 CCG 注浆浆液很稠，浆液注入到土层中的设计位置后形成一个泡状整体均匀向周围扩大，从而挤密周围的土体，使土体强度有一定程度的提高。

（2）桩体作用

通过注浆管的提升或下降，CCG 注浆可以在土体中形成一个柱状注浆体，注浆体可作为竖向增强体与周围的土体形成复合地基。注浆体的刚度比桩间土的刚度大，在荷载作用下，为保持注浆体和桩间土之间的变形协调，在注浆体上产生应力集中现象，使注浆体承担较大比例的荷载，并通过注浆体将荷载传递给较深的土层，同时桩间土体承担的荷载减少。这样复合地基承载力较原天然地基承载力有所提高，地基沉降量减小。

CCG 注浆在上述两个方面的综合作用下达到加固地基、提高地基承载力的目的。

6.2.4　CCG 注浆对移位和加固效果的影响因素

影响 CCG 注浆加固效果的因素主要表现在以下几个方面。

（1）土的性质

通常黏性土比砂性土难以挤密，CCG 注浆最适宜于砂性土，对饱和的黏性土的挤密效果并不十分理想。黏性土体中若采用较好的排水措施也可应用 CCG 注浆法。若排水不畅，将在土体中引起较高的孔隙水压力，因此宜采用较低的注浆速率。

(2) 上覆土压力

如果上覆土层比较薄,待加固的土层中的土自重应力较小,若注浆的速率和注浆压力较大,上覆土层将会产生较大隆起。

(3) 浆液

根据已有的工程经验,建议注浆浆液的成分包括砂、水泥、粉煤灰和水。比较适宜的浆液的坍落度约为50mm。工程经验还建议少用膨润土和其他黏性材料,如果注浆的目的仅仅是挤密土体,则可减少水泥的用量。

(4) 注浆压力和注浆速率

过高的注浆压力和注浆速率将会导致上覆土层的过分隆起。最大的注浆压力的确定还应考虑临近建(构)筑物的敏感程度。

(5) 注浆量

注浆量的不均匀分布将会导致被加固的土层的加固程度的不均匀。注浆浆液的体积通常占被加固的土体的体积的4%~20%。

(6) 注浆孔的间距

注浆孔的间距会明显影响注浆的加固效果,而且对于深层注浆(注浆深度>3m)和对浅层注浆,注浆孔间距通常并不相同。

(7) 注浆方式和注浆点顺序

注浆方式有两种,即由上而下的方式和由下而上的方式,通常按由下而上的方式注浆要经济得多。注浆点顺序的合理安排会明显影响土体的加固效果,通常采用跳注方式进行注浆。

6.2.5 注浆法移位控制技术的应用

6.2.5.1 软土地基注浆在沉井纠偏中的应用

沉井施工中纠偏的方法有偏心压重法、高侧多挖法、压力水冲法和导向木法等，但对已竣工的沉井进行纠偏时这些方法就不适用。软土地基注浆加固可作为一种用于沉井纠偏的方法，应用这个方法对已竣工的北仑港电厂水泵房沉井进行纠偏已取得了良好的效果。

(1) 工程概况

北仑港电厂循环水泵房位于浙江省宁波市滨海区的海滩上。泵房采用沉井法施工，沉井平面尺寸 29.4m×25.5m，深度 19m，设计最终下沉的刃脚标高 －12.50m（地面标高 2.50m）。泵房井结构施工后，将安装两台（2×600MW）循环水进水设备机组。目前泵房井自重约 $1.6×10^5$ kN。距泵房井 8.3m 处为进水隧道盾构工作井，两井之间将采用板桩明挖法施工，开挖至 －9.50m 处安装两井的连接管。

在泵房沉井施工结束后，由于多种原因，沉井发生不均匀沉降，最大差异沉降量达 15.5cm，（根据 89 年 12 月 15 日测量数据），并在继续下沉。针对以上情况，决定采用软土分层注浆工艺，在沉井底板下及连接管基坑底部进行注浆加固以抬高沉井，控制其沉降量，保证连接管开挖的安全。工程于 1990 年 3 月 14 日开工，历时 60d，于 5 月 14 日竣工。经注浆加固后，沉井最大抬高量为 12cm，最大差异沉降降低到 3cm。现场地质条件见表 6-1。

(2) 注浆加固设计

现场地质条件　　　　表 6-1

土层名称	土层厚度 (m)	w (%)	γ (kN/m³)	e	c_u (kN/m²)	E_s (kN/m²)
1号粉质黏土	0.7	40	18.0	1.15		4000
2号淤泥质黏土	19.55	50	17.4	1.37	20	2000
3号淤泥质黏土	4.0	40	18.1	1.15	40	4000

注：w—含水量，γ—重度，e—孔隙比，c_u—不排水抗剪强度，E_s—压缩模量。

1) 沉井沉降的原因分析

因循环水泵房井地处宁波市海滩,地质条件较差,土层属于欠固结土层,受扰动后固结沉降速度快。另外,由于循环水泵房井与进水井距离较近,使循环水泵房井在进水井一侧的土体受到两次扰动,承载力降低。这些原因就使泵房沉井产生不均匀沉降。

根据上述分析,沉井的沉降量可由两部分组成,一部分是沉井满荷载情况下的沉降 δ_A;另一部分是土体扰动后的沉降 δ_B。因此沉井总沉降量为二者之和,即 $\delta=\delta_A+\delta_B$。

2) 未经加固时,已产生的沉降量的计算

(A) 先计算沉井的自重压力和有效附加压力

$$p_{max}=[G_{max}-f\times 2\times(B+L)\times H]/A \quad (6-1)$$

式中 p_{max}——沉井满荷载自重压力 (kN/m^2);

G_{max}——沉井满荷载自重 (kN),现为 $2.35\times 10^5 kN$;

f——沉井井壁单位面积上的极限摩阻力 (kN/m^2),取 $f=20kN/m^2$;

L、B、H——沉井长、宽、深度 (m),其中 $L=29.4m$,$B=25.5m$,$H=14.5m$ (略去填土±0.5m);

A——沉井底板面积 (m^2)。

将数值代入式 (6-1),得

$p_{max}=[235000-20\times 2\times(25.5+29.4)\times 14.5]/(25.5\times 29.4)$
$=270.99kN/m^2$

$$p_0=p_{max}-(p_{cz}+W) \quad (6-2)$$

式中 p_0——有效附加压力 (kN/m^2);

$p_{cz}+W$——水土压力 (kN/m^2),土的重度 (kN/m^3),对 1 号粉质黏土 $\gamma=18kN/m^3$,对 2 号淤泥质黏土 $\gamma=17.4kN/m^3$,深度算至沉井底板,即 $H=12m$。

所以 $p_0 = 270.99 - (18 \times 0.7 + 11.3 \times 17.4) = 61.77 \text{kN/m}^2$

根据《规范》，软土压缩层厚度应算至有效附加压力等于自重压力的10%处。

根据表6-2计算得本工程压缩层深度为22m。

压缩层厚度计算表　　　　　　　　表6-2

深度 Z(m)	$2Z/B$	L/B	α_1	$p_z = \alpha_1 p_0$ (kN/m²)	$0.1 p_{cz}$ (kN/m²)
20	1.569	1.153	0.48	29.65	25.4
21	1.65	1.153	0.468	28.91	26.3
22	1.725	1.153	0.453	27.98	27.2
23	1.804	1.153	0.422	26.07	27.7

Z—自沉井底板以下的土层深度（m）；
α_1—按《上海市地基基础设计规范》附录查得压缩层厚度，取 $p_z \approx 0.1 p_{cz}$ 处的土层深度；
p_z—深度 z 处的附加应力；
p_{cz}—深度 z 处的有效自重应力。

(B) 计算沉降量

沉井满荷载情况下的沉降 δ_A 为

$$\delta_A = m_s \times B \times p_0 \times \sum_{i=1}^{3} \frac{\delta_i - \delta_{i-1}}{(E_{s,0.1-0.2})_i} \tag{6-3}$$

式中　　m_s——经验系数，在计算中取1.0；

$(E_{s,0.1-0.2})_i$——土层压缩模量；

$\delta_i - \delta_{i-1}$——沉降系数差值。

最终沉降量参数计算　　　　　　　表6-3

土层 i	Z	$2Z/B$	δ_i	$\delta_i - \delta_{i-1}$	E_s(kPa)	$(\delta_i - \delta_{i-1})/E_s$
2号	7.7	0.6	0.292	0.292	2000	0.000146
3号	10.7	0.84	0.397	0.105	4000	0.000026
4号	22	1.7	0.658	0.261	13000	0.000020

由表6-3可得 $\sum_{i=1}^{3} \frac{\delta_i - \delta_{i-1}}{(E_{s,0.1-0.2})_i} = 0.00019$

将各数值代入式（6-3）得

$$\delta_A = 1 \times 25.5 \times 61.77 \times 0.00019 = 0.299 \text{m} \approx 30 \text{cm}$$

根据经验公式估算 $\delta_B \approx 12 \text{cm}$，因此最终沉降量为

$$\delta = \delta_A + \delta_B = 30 + 12 = 42 \text{cm}$$

3) 未经加固时将产生的差异沉降量的计算

(A) 临近基坑一侧的泵房井受基坑开挖影响产生沉降，套用地下连续墙基坑回弹简化计算公式可求得为

$$\delta_1 = 0.01H \tag{6-4}$$

式中　H——开挖深度，$H = 12 \text{m}$。

则　　　$\delta_1 = 0.01 \times 12 = 0.12 \text{m} = 12 \text{cm}$

(B) 另一方面受地基两次扰动的影响，泵房井一侧是处于工作井扰动范围内，而另一侧则在扰动范围以外，因此将产生不均匀差异沉降。经估算 $\delta_2 = 10 \text{cm}$，由此可得最终产生的差异沉降量为

$$\delta = \delta_1 + \delta_2 = 12 + 10 = 22 \text{cm}$$

4) 加固方案确定

由于以上原因，沉井如不采取加固措施，将继续发生下降，其最终沉降量可达 42cm，最大差异沉降量约 22cm。因此对沉井底板下的土体及连接管基坑下的土体，分别采用注浆加固，以便有效地控制沉井继续下沉，改善沉井在连接管施工时将产生的偏斜，并保证连接管施工时基坑底部土体的稳定，确保施工的安全和质量要求。

基坑底部注浆目的在于减少连接管基坑开挖时的基坑回弹，从而起到控制由于基坑开挖所引起的周围构筑物沉降，使沉井免受基坑开挖的影响。按设计要求，基坑内设置注浆孔 50 个，加固厚度为 8m，注浆范围约 210m^2，加固土体约 1680m^3。

沉井底板下的注浆加固是为了控制沉井继续下沉，改善沉井底板下土体的地质条件，提高地基承载力及 c_u 值，同时，在沉井底板下进行压密注浆，还可抬起沉井，改善其偏斜量，

调节沉井四角的高差。按设计要求,底板钻孔 72 个,注浆范围 750m², 加固土体约 5600m³。

5) 沉井抬高的力学机理分析

能否将 1.6×10^5 kN 重的沉井抬高,首先须进行沉井上抬的可行性计算,并根据注浆抬高垂直力矢量不等式来进行计算。

(A) 下沉力计算

沉井现有自重 $W_1 = 1.6 \times 10^5$ kN;

摩擦力 $W_2 = C \times H \times f = (25.5 + 29.4) \times 2 \times 14.5 \times 20 = 31842$ kN, 式中 C 为沉井周长 (m);

其他超载 $W_3 = 100$ kN。

(B) 上抬力计算

浮托力 $F_1 = BLH\gamma_w = 25.5 \times 29.4 \times 14.5 \times 10 = 108707$ kN;

注浆顶力 $F_2 = A \cdot [p] = 25.5 \times 29.4 \times 300 = 224910$ kN, 式中 $[p]$ 为由设计提供的允许注浆压力。

(C) 垂直力矢量不等式

由以上计算数据可得

下沉力 $W = W_1 + W_2 = 160000 + 31842 = 192000$ kN;

上抬力 $F = F_1 + F_2 = 108707 + 224910 = 333617$ kN;

所以 $F > W$。

因此注浆能抬起该沉井。

按注浆力学机理分析,当注浆达到一定压力后,在注浆孔周围将产生一定大小的浆泡体。随着压力的不断增加,在浆液泡体上方的土体或构筑物产生一个倒圆锥形的剪切面;另一方面当浆液泡体的直径增大时,周围的土体将提供越来越多的阻力。

若用圆柱形浆液泡体的平面投影面积来进行分析,则浆液泡体的向上总压力 F_y 和浆液泡体水平总压力 F_x 与浆液直径 r 之间将有如下的数学关系式:

$$F_y = \pi r^2/4 \times \sigma \qquad (6-5)$$

$$F_x = 2\pi rl\sigma \qquad (6-6)$$

在一定极限条件下，当浆液泡体直径增大时，其向上总压力的增加幅度将远大于水平总压力的增加幅度。在一定压力下，浆液泡体直径达到了一个极限值，与其相应的注浆压力为 p_w，此时上抬压力 F_y 将大得足以使构筑物抬起。

6）加固后沉降量估算

注浆加固虽然能有效地控制水泵房沉井继续下沉，但是因浆液收缩及未加固层沉降等原因，在注浆加固后的沉井仍会产生微量下沉。在注浆加固后，土层中的浆液在短时间内会产生一定的收缩，从而将引起加固后的土体微量沉降。另外，根据《规范》要求，软土地基的压缩应算至 p_0 等于重压力的 10% 处。由表 6-4 计算得出，本工程压缩厚度为 22m，而本工程设计加固厚度为 8m，则 8m 以下至 22m 土层将仍然产生少量沉降。

加固层下土体的沉降的计算　　　表 6-4

Z	$2Z/B$	L/B	δ_1	$E(kPa)$	δ_1/E
8	0.827	1.153	0.29	2000	0.000145

由于沉井满荷载时在深度 8m 处的沉降为

$$\delta_{-8} = m_s \times p_0 \times B \times (\delta_1/E)$$
$$= 1.0 \times 61.77 \times 25.5 \times 0.000145 = 23\text{cm}$$

因此，加固层下土体的沉降为

$$\delta_1 = \delta_A - \delta_{-8} = 30 - 23 = 7\text{cm}$$

加固后浆液凝固收缩沉降 δ_2 可由以下公式计算

$$\delta_2 = Q/A \times 0.02 = (A \times h \times f)/A \times 0.02 = h \times f \times 0.02$$

$$(6-7)$$

式中　Q——注浆加固土体体积；

h——加固深度,现取 8m;

f——浆液对土体充填率,现取 0.15。

得　　$\delta_2 = 8 \times 0.15 \times 0.02 = 0.024\text{m} \approx 3\text{cm}$

则加固后总沉降量 δ

$$\delta = \delta_1 + \delta_2 = 7 + 3 = 10\text{cm}$$

(3) 注浆施工

1) 连接管基坑的注浆施工

由于在连接管所处的 2.50~-1.50m 范围内,须填有大量大石块,为了便于钻孔施工,将连接管基坑开挖至-1.5m 后浇捣轻型水泥地坪,然后钻孔注浆(原地面标高 2.50m)。钻孔采用直径 ϕ72 钻头。钻孔深度 16m,绝对标高-1.50~-17.50m,共钻孔 50 个。其平面布置情况如图 6-2 所示。

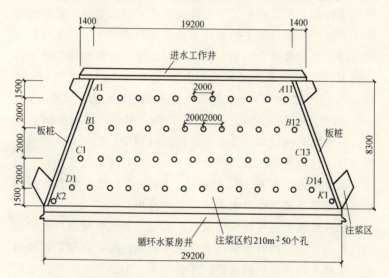

图 6-2　泵房与注浆孔平面布置图

基坑内采用间隔钻孔注浆,同时遵循先外围后中间的钻孔原则,基坑注浆范围为绝对标高-9.50~-17.50m,深度为 8m。主要注浆材料采用以水泥和粉煤灰为主的 CB 浆,在注浆过程中,先注入少量的 FB 封顶浆,然后自下而上加固土层。总注浆量为 200m³。

2) 沉井底板下的注浆施工

为了加固沉井底板下的土体,并纠正沉井的差异沉降,先后在沉井内钻 72 个钻孔,深度为 8.9m,其中 2m 为钢筋混凝土。在施工中采用 $\phi 91$ 钻头打穿混凝土约 50cm 后,先安装防喷装置,然后用 $\phi 54$ 钻头成孔。在确实无地下水喷出的孔内,插入塑料套管注浆,若发现有大量砂及地下水喷出时,则采用钻杆双液注浆。

由于在沉井注浆施工过程中,发现打穿底板后,部分孔内有大量的水喷出,并夹有粉砂。在这种情况下,如仍然采用原定的 CB 浆单液注浆,显然浆液的凝固时间较慢,将使沉井沉降失去控制,严重影响加固工作的正常进行。为此,临时改用单、双液注浆综合施工的加固方法,其目的在于加速浆液的凝固时间,减少浆液收缩量,控制沉井沉降,确保加固后的土体达到设计质量要求。沉井内总注浆量为 607m³,其中 CB 浆 449m³,HS 浆为 158m³。注浆孔的平面布置如图 6-3 所示。

沉井底板下的钻孔注浆施工,仍采用先外围后中间的顺序,并沿沉井两边对称注浆。在注浆过程中,先对上部回填塘渣和碎土进行充填注浆。然后自下而上进行分层注浆加固,同时在沉井南侧(图 6-3 中 $I2$、$I7$、$F5$ 单孔)设放水孔,以使地层中被浆液置换的自由水能从孔中排出。

沉井底板下深层注浆结束后,再在北侧沉井倾斜较大的部位,利用分布较密的注浆孔进行沉井抬高注浆,直至达到使用单位所要求的沉井纠偏量后,才告结束。为了便于沉井在今后施工中一旦发现沉降能及时纠偏,在沉井四角特设置预留注浆孔。预留孔均已采取防水措施,使其既能满足一般防水和抗渗要求,同时又能满足在不进行钻机钻孔的情况下可反复注浆。

(4) 施工效果

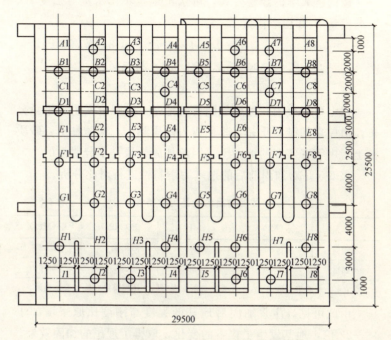

图 6-3 第二次注浆孔的平面布置图

1) 基坑内的注浆效果

连接管基坑底部注浆加固的目的在于改善基坑下地质条件，使基坑开挖时不影响沉井。为了便于分析注浆加固前后的地质条件变化情况，在注浆加固前后分别在连接管位置上，对标高为 2.50～－17.50m（绝对标高）的土层进行了静力触探试验。

根据试验结果，未加固前平均锥尖阻力 $q_c=0.274$MPa，侧壁摩阻力 $f_s \approx 0$。显然，该土层为淤泥质黏土层，无法承受较大的荷载，对土建施工将带来较大的沉降。加固后，静力触探试验数据为平均锥尖阻力 $q_c=6.4$MPa，侧壁摩阻力 $f_s=2.2$MPa。下面分析一下加固后地基的变形指标与强度指标。

按同济大学的经验公式,可求出地基不排水抗剪强度 c_u、压缩模量 E_s 和变形模量 E_0 为

$$c_u = 0.054 q_c + 0.048 = 0.054 \times 6.4 + 0.048 = 0.39 \text{MPa}$$

$$E_s = 15 \times 3.5 c_u = 52.5 c_u = 20.5 \text{MPa}$$

$$E_0 = 7 q_c = 7 \times 6.4 = 44.8 \text{MPa}$$

以上数据表明,经过加固后的地基,其强度发生了重新分布,由原来的淤泥质黏土改良成为硬质黏土、粉质黏土、砂质粉土、中等密实度的细砂土。因此加固效果是十分明显的。

表 6-5 是对加固前后的地基力学特性进行对比分析。

加固前后的地基力学特性　　　　　表 6-5

	q_c(MPa)	c_u(MPa)	E_s(MPa)	E_0(MPa)
加固前	0.27	0.063	3.31	1.92
加固后	6.4	0.39	20.5	44.8

注:q_c—平均锥尖阻力;c_u—不排水抗剪强度;E_s—压缩模量;E_0—变形模量。

由此可见,注浆加固后地基的强度与刚度比原来增加了 18~23 倍,地基发生了根本的变化,取得了理想的加固效果。

假设未加固基坑,开挖后将产生土体滑裂面,如图 6-4 所示,引起基坑回弹,使临近一侧的沉井发生沉降。因此必须在基坑底部至土体滑裂半径影响范围内进行注浆加固,以切断滑

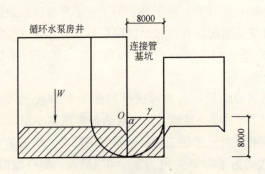

图 6-4　基底隆起示意图

裂途径，提高 c_u。以下根据简易圆弧滑动公式，验算加固后基坑坑底的稳定性。

$$F_s = \frac{M_r}{M_d} = \frac{r\int_0^{\frac{\pi}{2}+\alpha} c_u(r \cdot d\alpha)}{w \times r/2} = \frac{r \times (\pi/2+\alpha) \cdot rc_u}{\frac{W_{max}}{A} \times r \times \frac{r}{2}} \quad (6-8)$$

式中　F_s——抗滑安全系数，一般取 1.45；
　　　M_r——抗滑动力矩（kN·m/m）；
　　　M_d——滑动力矩（kN·m/m）；
　　　c_u——加固后抗剪强度（kN/m²）；
　　　r——土体滑裂半径（m）。

得　$F_s = \dfrac{r \times (\pi/2+\pi/2) \times r \times c_u}{\dfrac{230300}{25.5 \times 29.4} \times r \times \dfrac{r}{2}} = 7.97 > 1.45$

所以满足安全要求。

同理，还可计算未加固前的 F_s

$$F_s = \frac{r \times (\pi/2+\pi/2) \times r \times c_u}{\dfrac{230300}{25.5 \times 29.4} \times r \times \dfrac{r}{2}} = 1.29 < 1.45$$

因此未加固前是不安全的。

通过以上计算可以说明，如对基坑坑底土体不采取加固措施，将使坑底产生圆弧滑裂面，基坑开挖将严重影响泵房井。经注浆后，基坑基底土体已取得了理想的加固效果，满足了抗滑安全系数的要求，从而保证了连接管基坑底部的稳定。

2）沉井内的注浆效果

循环水泵房井经注浆加固后，已圆满达到纠偏要求。根据使用单位的要求，考虑到 E_2、A_2 一侧（图 6-5）因沉井面板尚未浇捣等原因，将该侧抬高于另一侧 20～30mm；同时，为了安全起见将原偏低的 E_2、E_6 一侧，平均抬高 110mm，高于另一侧 5～15mm。

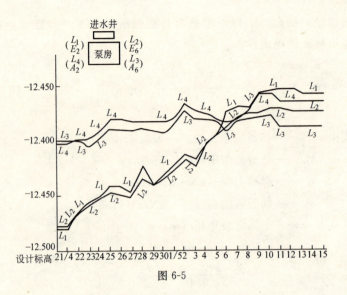

图 6-5

沉井内注浆加固前四角标高及高差分别如下：

E_2	E_6	-12.480	-12.477	-78	-75
A_2	A_6	-12.400	-12.402	$+1$	0.00

经注浆加固后实际测量数据为：

-12.359	-12.377	$+30$	$+12$
-12.365	-12.389	$+24$	0.00

经注浆加固后的各角抬高量为：

$+121$	$+100$
$+36$	$+13$

平均抬高量为 87.5mm。

从基坑内注浆后的静力触探试验结果及沉井内四角量测值表明，对北仑电厂循环水泵房井加固施工，已达到了设计要求。沉井四角高差已根据不同的需要被不同量地抬起，沉井和连接管位置上的土体已得到改善。注浆加固提高了地基不排水抗剪强度 c_u 值，使该地区原受二次扰动的欠固结土得到加固。从而保证了连接管施工时基坑底部土体的稳定，确保了泵房井在满荷载情况下的安全，为确保北仑电厂年内发电奠定了基础。

6.2.5.2 围护结构变形控制的应用实例[5]

上海某地铁车站端头井平面尺寸为 23.8m×15.4m，地下连续墙厚度 600mm，深度为 26m，端头井基坑开挖深度为 15m。端头井中地表以下大约 5m 深度范围内，原有一地下防空设施，为钢筋混凝土结构。为便于进行坑底加固，需要预先挖除地下防空设施。5 月 29 日完成挖除施工并安装了支撑，开挖深度为 5.8m（图 6-6）。通过监测发现，端头井北侧的地下连续墙发生较明显的向基坑内侧的水平位移，到 6 月 2 日，连续墙的最大变形在地表面以下 14m 处达到 17mm（图 6-7），变形还在继续增长。变形的产生一方面是基坑局部开挖引起的，另一方面是在坑边 4～10m 范围内有较多临时堆载引起的。

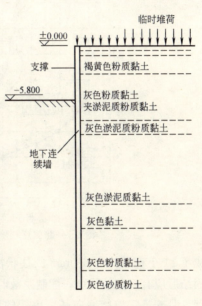

图 6-6 基坑局部开挖示意

为了阻止地下连续墙继续向基坑内变形，并保证坑底加固完成后的开挖施工过程中的基坑安全，同时保证连续墙的最大侧向变形满足设计要求，该车站施工承包方决定采用 CCG 注浆对该连续墙进行"纠偏"和加固。根据变形监测结果并考虑施工工艺要求，在连续墙内侧分两排布置共进行了 11 次注浆。从 6 月 2 日至 6 月 6 日，在地表下 11～22m 的深度范围内，一共形

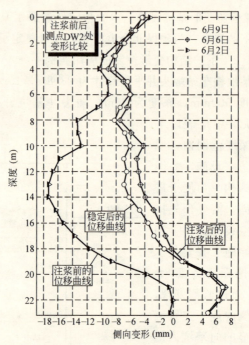

图 6-7 北侧连续墙变形比较

成了 11 个直径约为 600mm 的柱状注浆体。考虑到柱状注浆体固结后应有一定的强度，配制浆液时采用了适当的成分和配比。到 6 月 6 日，连续墙向基坑内侧的水平位移由注浆前的 17mm 减小到约 4.5mm。至 6 月 9 日连续墙的变形已基本稳定。与 6 月 6 日相比，连续墙向基坑内侧的变形稍有回复，由 4.5mm 变到 6.5 mm，但与注浆前相比，"纠偏"效果非常明显。

6.3 静压桩法移位控制技术

6.3.1 静压桩法移位控制技术基本原理

静压桩施工由于其噪声小、无泥浆污染、沉桩速度快等优点在东南沿海软土地基城市建设中获得日益广泛的应用。在实际工程中，静压桩机可以用作基础工程桩也可作为基坑围护桩。但作为移位控制中的应用，静压桩通常与锚杆结合在一起形成一种桩基施工工艺，称为锚杆静压桩。其基本原理是利用锚杆桩将上部结构部分荷载通过桩身和桩尖传入地基较深处较好的持力层，达到控制移位（如适量抬起构筑物），或减轻基础持力层的负载，从而控制建（构）筑物过大沉降及不均匀沉降的目的。

6.3.2　锚杆静压桩法工艺[13][16]

锚杆静压桩法工艺是通过原基础上埋设受拉锚杆，利用锚杆固定压桩架以建筑物所能发挥的自重作为压桩反力，用电动液压千斤顶将桩段从基础中预留的或开挖的压桩孔内逐段压入地基中，然后将桩和地基连接在一起。该方法具有施工机具轻便、施工方便、作业面小、可在室内施工，并且能耗低、无振动、无噪声、无污染，在施工时基本上不影响建（构）筑物的使用等优点，适合于在粉土、黏性土、人工填土、淤泥质土、黄土等地基土上的建（构）筑物的移位控制（如纠偏、顶升等），以及沉降控制或地基加固等。

6.3.3　静压桩法移位控制技术的应用[17]

(1) 工程概况

绍兴某住宅小区49号、50号、51号、52号、56号五幢六层半至七层住宅，于1993年1月开工兴建，同年12月竣工。1997年7月下旬发现这五幢住宅房屋沉降明显，实际沉降最大值在500mm以上，同时发现房屋竖向严重倾斜，根据1997年8月15日实测竖向倾斜值均超过7‰，并且每幢楼均有不同程度的墙体裂缝出现。49号和50号两幢住宅，均由四个单元组成，各长55.8m，底层宽13.3m，2层及以上宽为

10.5m；51号住宅为一个单元，长15.6m，底层宽13.3m，2层及其以上宽为10.5m；49～51号三幢住宅总体呈一字型排列，底层北面为商业用房，采用单层双跨框架结构，底层南面为厕所等辅助房间，混凝土空心小砌块承重，2～7层为住宅，采用混凝土空心小砌块砌筑。底层层高为4.2m，2～6层层高为2.8m，7层至檐沟板底为2.6m，檐沟板底标高为20.8m。52号、56号两幢住宅均由四个单元组成，长55.8m，宽为11.1m，底层为架空层，用作自行车库等，2～7层为住宅，均采用混凝土空心小砌块砌筑，底层层高为2.2m，2～6层层高为2.8m，7层至檐沟板底为2.6m，檐沟板底标高为18.800m。五幢住宅结构均为混凝土空心小砌块混合结构，楼梯间设在南面，均采用浅埋板基，板厚300mm，底层采用架空地面。场地内典型土层分布如图6-8所示，土质情况见表6-6所示。各幢楼土层分布的主要区别是③$_3$淤泥层的厚度不同，各幢楼淤泥层厚度为：49号楼12m、50号楼6～12m、51号楼6m、52号楼13.5m、56号楼13～14m。

地基土物理力学指标　　　　　　　　　表6-6

层号	层厚(m)	土层名称	γ (kN/m³)	w (%)	e_0	w_L (%)	w_P (%)	a_{1-2} (MPa⁻¹)	E_s (MPa)	f_k (kPa)
①	1.7	素填土	17.3	40.4	1.357	44.4	24.5	1.006	2.5	70
②	1.2	粉质黏土	18.6	34.3	0.970	37.3	22.9	0.454	4.3	130
③$_2$	1.0	淤泥质粉质黏土	17.9	40.5	1.141	37.8	24.4	0.586	3.7	80
③$_3$	14.0	淤泥	16.9	52.8	1.480	45.0	22.6	1.597	1.5	65
⑤$_1$	4.5	黏土	19.2	29.9	0.863	39.7	20.4	0.129	6.5	185

注：γ—重度，w—含水量，e_0—孔隙比，w_L—液限，w_P—塑限，a_{1-2}—压缩系数，E_s—压缩模量，f_k—地基承载力。

(2) 纠倾加固方案

由于淤泥层比较深厚，竣工后产生了较大的沉降，并且沉降还未稳定，沉降速率在0.1～0.2mm/d之间。为制止沉降

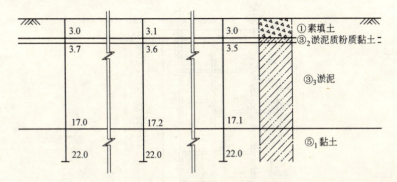

图 6-8　52 号楼南侧土层剖面图

与不均匀沉降进一步发展，须对五幢住宅进行地基加固，促使建筑物的沉降稳定。由于该五幢住宅楼均住满了居民，工程要求在住户不搬迁的情况下进行加固，并尽量减小对居民生活的影响。综合考虑各种因素，确保成功和安全，最后选择锚杆静压桩进行地基加固，并把静压桩桩位布置在房屋周围。52 号、56 号楼锚杆静压桩桩位如图 6-9 所示，49～51 号楼的桩位布置图从略。由于五幢住宅的竖向倾斜均超过了 7‰，须进行纠倾，经综合考虑后选择沉井冲水掏土法进行房屋纠倾。

锚杆静压桩断面尺寸为 200mm×200mm，桩身混凝土强度等级为 C30，配 $4\phi12$ 钢筋，根据现场条件确定桩的分段预制长度为 1.8m，并预制一些短桩。第一节桩尖做成锥形，其余桩段的两端均预埋∟40×4 角钢，采用焊接接桩。

设计锚杆静压桩桩长由压桩力和进入持力层深度双重控制，以压桩力控制为主，要求进入 $⑤_1$ 持力层深度大于 0.8m，压桩入土深度根据地质情况设计为 49 号楼 17.5m、50 号楼 12.0m、51 号楼 10.0m、52 号楼 19.0m、56 号楼 19.8m。压桩力经现场试验确定为至送桩面的压桩力＞160kN。

工程要求经纠倾后房屋的倾斜率必须在 4‰以内。在沉降较大的一侧（南侧）所有锚杆静压桩压桩结束后，先进行封

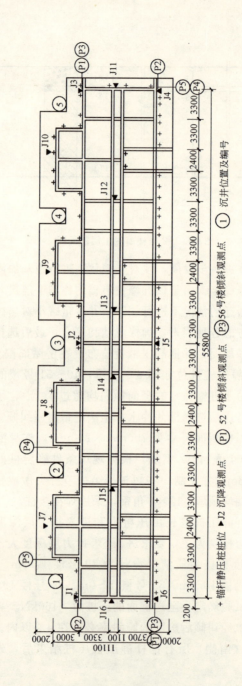

图 6-9 52 号楼桩位布置图

桩，然后在沉降较少一侧（北侧）设置沉井，沉井位置如图6-9所示。沉井外径为1.5m，内径1.2m。井深根据淤泥层土的深度定为7m，并在离井底1.5m处预留5~8个成扇形的冲水孔。通过井壁预留孔，用高压水枪伸入基础下③$_3$淤泥层中进行深层冲水，泥浆水流通过沉井排出，促使沉降产生。当房屋倾斜调整到4‰以内时，迅速进行北侧静压桩的压桩和封桩施工，并回填沉井，完成地基的加固和房屋的纠倾工作。考虑到住宅楼较长，整体刚度较弱，在进行纠倾施工时沉井冲水掏土在纵向同时进行，以避免或减小纵向的附加不均匀沉降。由于住宅内居民未搬出，为确保安全，工程要求冲水纠倾期间沉降速率≤2.0mm/d。

纠倾加固工程从1997年12月开始，先进行52号、56号楼的施工，该两幢住宅纠倾加固于1998年5月结束，49~51号三幢楼同时进行冲水掏土纠倾，并于1998年10月全部结束。

（3）纠倾加固施工

纠倾加固施工的工作流程是开工→在沉降大的南侧凿桩孔、压桩、封桩→北侧挖沉井→北侧沉井冲水纠倾，期间凿好北侧桩孔→纠倾至6‰左右时开始在北侧压桩→压桩完毕后视倾斜值确定是否再冲水纠倾→纠倾至4‰以内时封桩→封填沉井→修整场地→结束。具体施工步骤如下所述。

1）在纠倾加固施工开始时，做好各项准备工作。按设计要求预制锚杆静压桩，在房屋已有裂缝上做石膏饼，以观测裂缝在加固与纠倾施工期间的变化情况。加密设置沉降观测点，并设置好倾斜观测点，如图6-9所示。

2）在南侧挖出基础面，然后在基础底板上凿桩孔、埋设好锚杆。在压桩前进行锚杆的抗拔试验，经检测单根锚杆的抗拔力在10t以上。

3）在南侧锚杆抗拔强度达到要求后，开始在这一侧进行压桩，桩被一节节压入土中，节与节之间用电焊焊接。压桩实行分批跳压，压一批封一批，以减小因压桩引起这一侧的附加沉降。封桩用 C30 微膨胀早强混凝土，并用 2ϕ12 钢筋交叉焊接在锚杆上进行加强。

4) 在南侧锚杆静压桩都封桩完毕后，开始在北侧挖沉井，沉井为现浇钢筋混凝土沉井，挖 1m 左右浇一段沉井，井深为 7m，离地面 5.5m 处凿好冲水孔，预留 5~8 个冲水孔。

5) 在沉井都做好后，开始冲水掏土纠倾。根据每天所需沉降量经计算后确定每个沉井及每个孔的冲水时间。在纠倾过程中加强沉降观测，观测频率为 1 次/d，以监测沉降量控制冲水时间和频率，并从实践中掌握冲水掏土与沉降间的滞后效应。在冲水期间，凿好北侧的桩孔，以备压桩。

6) 根据沉降观测和倾斜观测资料分析，当房屋纠倾至 6‰ 左右时开始在北侧进行压桩施工，压桩完毕后视倾斜值确定是否继续冲水纠倾。

7) 纠倾至 4‰ 以内时开始北侧的封桩，随后用土封填好沉井，修整场地，纠倾加固工程结束。

锚杆静压桩质量检验主要包括桩身混凝土强度等级必须达到设计要求；桩的垂直度要求控制在 1‰ 以内；桩段接桩须满焊，焊缝饱满；终止压桩时压桩力达到设计要求；封桩时桩孔须清干净等。冲水时间必须严格控制，根据每天的沉降观测结果调整冲水时间。

(4) 纠倾加固效果

为检验纠倾加固的效果，对每幢住宅都加密设置了沉降观测点，设置南北向、东西向的倾斜观测点，52 号、56 号楼观测点布置如图 6-9 所示。

1) 锚杆静压桩试验

为了解锚杆静压桩的容许承载力值，并检验最终压桩力与实际极限承载力的关系，本工程共进行了 12 组单桩静载试验。

静载试验在压桩后一个月时进行，试验参照 GBJ 10—1—90、JGJ 94—94 标准规范，采用快速维持荷载法，以静压桩架为试桩的反力架，并用分级加载进行试验。试验结果见表 6-7，典型的压桩力与深度的关系曲线如图 6-10 所示，典型的静载试验荷载沉降曲线如图 6-11 所示。

试桩结果统计表　　　表 6-7

编号	桩径(mm)	有效桩长(m)	最终压桩力 P (kN)	最大试验荷载 P_u (kN)	P_u/P
1	200×200	17.30	141	263	1.87
2	200×200	16.70	141	310	2.20
3	200×200	18.00	154	351	2.28
4	200×200	9.60	174	260	1.49
5	200×200	19.80	234	344	1.47
6	200×200	14.40	242	400	1.65
7	200×200	19.80	196	335	1.71
8	200×200	10.80	188	330	1.76
9	200×200	10.34	173	340	1.97
10	200×200	16.20	230	360	1.57
11	200×200	18.00	215	360	1.67
12	200×200	18.00	206	360	1.75

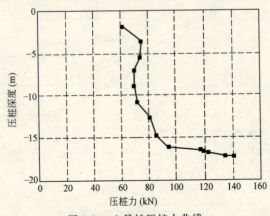

图 6-10　1 号桩压桩力曲线

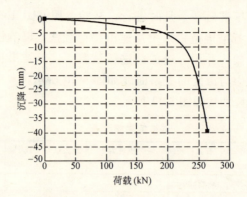

图 6-11　1 号桩荷载沉降曲线

2) 纠倾效果

图 6-12、图 6-13 分别为 50 号、52 号楼冲水纠倾期间的各沉降观测点的沉降观测曲线，其余三幢相类似，图从略。由图 6-12、图 6-13 可以看出，在冲水纠倾期间，严格控制了纠倾速率，纠倾速率为 2mm/d 左右，并且在纵向同一排上各沉降点的沉降基本上相同，在横向各观测点的沉降量成比例，说明

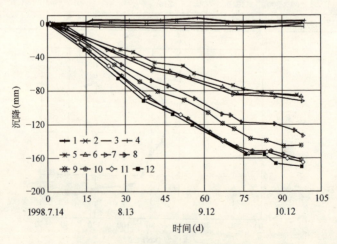

图 6-12　50 号楼沉降观测曲线

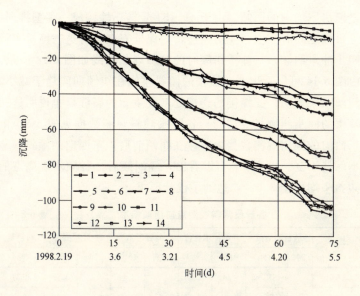

图 6-13 52 号楼沉降观测曲线

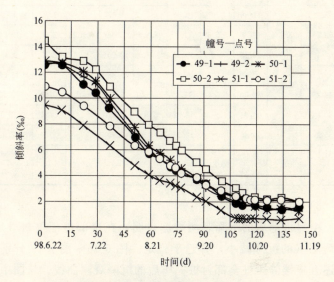

图 6-14 49～51 号楼倾斜观测曲线

整幢房屋均匀的回倾。由于 49～51 号楼三幢楼成一字型排列，且每幢之间有一层营业房相连，为保证安全，对这三幢楼实行同步冲水纠倾，三幢楼纠倾时的倾斜观测曲线如图 6-14 所示。由图 6-14 可以看出，三幢楼的倾斜差值在纠倾期间趋于减小。纠倾结果表明，三幢楼的连接处未发生新的裂缝，也说明这三幢楼的同步纠倾是成功的。各阶段倾斜观测数据见表 6-8，由东西向的倾斜观测数据表明，在纠倾前后，东西向的倾斜率基本保持不变。由表 6-8 可以看出，经纠倾后，各倾斜观测点的倾斜率均小于 3.0‰，达到了设计要求。

各阶段倾斜观测点向南倾斜率 (‰)　　　表 6-8

楼号点号	最初起始值		开始冲水时值		封桩时值		最新值		纠倾量
	时间	(‰)	时间	(‰)	时间	(‰)	时间	(‰)	(‰)
56-1		12.68		12.68		2.44		1.92	10.76
56-2	98.1.4	13.14	98.1.4	13.14	98.5.4	3.08	99.8.14	2.80	10.34
56-3		11.51		11.51		2.58		2.42	9.09
52-1		11.59		10.66		1.87		1.70	9.89
52-2	98.2.4	12.86	98.5.19	11.7	98.5.4	3.08	99.8.14	2.80	10.06
52-3		12.13		10.84		2.90		2.75	9.38
49-1	98.3.5	12.80	98.7.21	10.37	98.10.8	1.88	99.8.14	1.26	11.54
49-2		13.30		11.1		2.05		0.68	12.62
50-1	98.6.22	12.81	98.7.14	12.02	98.10.19	1.77	99.8.14	0.51	12.3
50-2		14.46		12.93		2.39		1.54	12.92
51-1	98.6.22	9.45	98.8.5	5.81	98.10.8	0.74	99.8.14	0.37	9.08
51-2		10.88		7.35		2.42		1.54	9.34

3）加固效果

由封桩前后的沉降观测数据表明，在全部静压桩封桩后，各观测点的沉降减小，并趋于稳定。图 6-15～图 6-19 分别为上述五幢楼静压桩全部封桩完毕后的沉降观测曲线。从图中可以看出，在封桩后的一段时间内，沉降仍会发生一些，随着时间的推移沉降速率逐渐减小。另外，从图中还可看出，在封桩三个月后，各沉降观测点的沉降速率均<0.025mm/d，说明经锚杆静压桩加固后，建筑物的沉降已经稳定，达到了预期的目的。

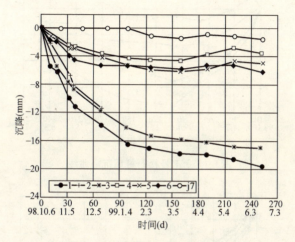

图 6-15 49 号楼封桩后沉降曲线

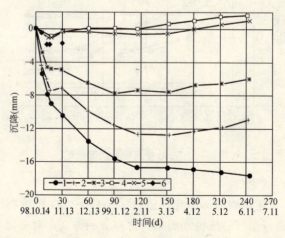

图 6-16 50 号楼封桩后沉降曲线

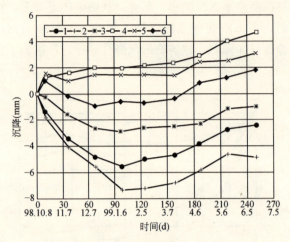

图 6-17　51 号楼封桩后沉降曲线

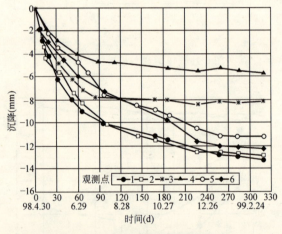

图 6-18　52 号楼封桩后沉降曲线

(5) 结论

1) 在建筑物内部不允许压桩的条件下，在建筑物四周基础外侧进行锚杆静压桩加固是行之有效的方法，对居民生活影响小。

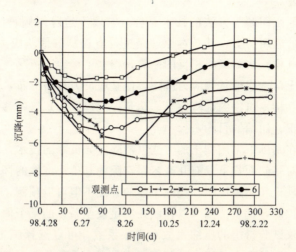

图 6-19　56 号楼封桩后沉降曲线

2）沉井冲水纠倾是安全、可靠、有效的纠倾技术，可通过冲水时间的长短来控制纠倾速度，并且纠倾是可控的。

3）采用深层冲水进行纠倾安全性好，整幢房屋能均匀地回倾，不影响上部结构的安全。

4）对于与本工程相类似的地质条件，锚杆静压桩尺寸为 200mm×200mm，其极限承载力值是最终压桩力的 1.5 倍以上。

5）对于与本工程相类似的地质条件，在布桩适宜的情况下，封桩三个月后沉降趋于稳定，达到沉降稳定标准。

6.4　掏土法移位控制技术[18]

6.4.1　掏土法移位控制技术的基本原理

掏土法也是对建（构）筑物进行移位控制的有效技术之一。掏土法移位控制技术是指掏（抽）土（砂）、钻孔取土、穿孔取土纠倾等方法的技术总称。它属于迫降纠倾，已有30多年的应用历史，其基本原理是进行有控制的地基应力释放，在建（构）筑物倾斜相反的一侧，根据工程地质情况，设计挖孔取土，造成地基侧应力解除，使基底反力重新分布，从而调整建（构）筑物的沉降差异，达到控制建（构）筑物移位，实现扶正、纠偏的目的[18]。

在基础下采用掏土的方法以清除差异沉降的技术，常引起人们对基础面积下只有几毫米厚空隙的基础稳定性的怀疑。但经过理论和实践说明，掏除土体的程度不但可以预测，而且也可以控制，掏土范围可以控制在满足安全系数的某个值。根据固结仪试验得出的压缩系数和膨胀系数，可以选择施工速度，使得施工的整个过程中地基都能满足安全系数的要求，而不发生局部剪切破坏和过大的应力集中现象。

6.4.2 掏土法移位控制技术的应用[18]

（1）压桩掏土法在基础纠偏与托换加固过程中的应用

在长江中下游地区分布着广泛的河相和湖相沉积的软土地层，这种软土含水量大，有机质含量多、压缩性高、强度低、分布不均匀。在这种地基土上建造的多层民用建筑，大多利用其表层的硬壳层作为拟建建筑的天然地基持力层，但由于这种硬壳层黏土虽相对于下伏淤泥质软土稍硬，但其强度也很低，同时其厚度极不均匀，加之下卧淤泥质软土的影响，会产生相当大的沉降，在这种工程地质特性的地基土上，以天然硬壳层作基础持力层的建筑物，其沉降变形是较大且发展缓慢的，有些甚至达几十年之久，如果不均匀沉降持续发展，可导致倾斜甚至破坏（如结构产生裂缝、倒塌等）。

1）工程背景及工程地质概况

安徽省池州市某住宅小区，其浅部地层为长江漫滩相及牛轭湖相静水沉积成因，该处的多层住宅直接建在表层的硬壳层上。该场地上的建筑多为五层砖混结构的住宅楼,为钢筋混凝土条形基础,建筑物的上部结构刚度较好。以某五层住宅楼为例,其平面尺寸为 49.9m×9.0m,三个单元,在东侧第一与第二单元处基础设置有伸缩缝,基础宽度 1.0~2.0m 不等,基础直接设置在第①层黏土层上(距原自然地面 0.5m)。该建筑在加固纠偏前,沉降倾斜状况均已大大超过国家相关规范标准(表 6-9),必须采取纠偏及加固措施。该场地工程地质条件,可分为以下三层:

第①层——黏土。即所谓的硬壳层,新近沉积,灰褐、灰黄色,软塑状,湿,层厚 1.5~2.5m 不等,其静力触探试验的比贯入阻力 p_s 值平均为 0.80MPa,含水量 40%,孔隙比 $e=1.0$,液性指数 $I_L=0.6$,压缩系数 $a_{1-2}=0.50\text{MPa}^{-1}$,承载力特征值 $f_a=110\text{kPa}$ 左右。

第②层——淤泥质土。灰色、灰黑色,软流塑状,饱和,含有机质、少量腐殖质,层厚 11.0~14.0m 左右,其静力触探试验的比贯入阻力 p_s 值一般为 0.30~0.55MPa,含水量 50%,孔隙比 $e=1.12$,液性指数 $I_L=1.12$,压缩系数 $a_{1-2}=0.70\text{MPa}^{-1}$,承载力特征值 $f_a=50$~70kPa 左右。

第③层——砂砾卵石土。褐色、褐灰色,中密至密实状,砾卵石含量一般大于 50%,重型动力触探试验 $N_{63.5}$ 击数>10 击/10cm,其厚度一般>3m,多作端承桩的桩尖持力层,其承载力特征值 $f_a=300\text{kPa}$。

2)纠偏加固设计方案

为从根本上解决建筑物的沉降与倾斜问题,必须首先对建筑物的基础进行托换加固,满足承载力的要求,而后才能着手纠偏。基于上述情况及特点,特采用压桩掏土法进行加固与纠偏。为此,首先在建筑物沉降大的一侧压桩,并立即将桩与基础锚固在一起,起到迅速制止沉降的作用,使其处于沉降稳定状态;然后在沉降小的一侧进行掏土,减少基础底面下的地基土的承压面积，增大基底压力，使地基土达到塑性变形，造成建筑物缓慢而又均匀的回倾；最后在掏土一侧，则设置少量保护桩，以提高回倾后建筑物的永久稳定性。具体施工步骤如下所述。

第一步，采用静压锚杆桩对该楼南侧基础进行托换加固。按设计孔位压入锚杆桩，以第③层砂砾卵石土作桩尖持力层，并用钢筋混凝土将桩顶与基础牢固连接，既补足了南侧基础的承载力，又制止了南侧的沉降继续发展。预制桩截面为250mm×250mm，桩段长2.5m/节，分6节施工，桩位中心与墙体中心线距离≤450mm，锚杆桩接头采用硫磺胶泥。第一阶段锚杆静压桩按图6-20中所示设置，待这阶段桩全部压完并做好一切准备工作后，依次分4批浇注封桩混凝土固定，即第一批为8、9、7、10；第二批（两天后）为5、6、11、13；第三批（又两天后）为4、3、15、17；第四批（又两天后）为1、2、19、20。第二阶段锚杆静压桩可先设置预留桩孔，其施工时间视纠偏进程和沉降情况确定。

第二步，对该楼北侧基础进行托换加固准备。在掏土一侧，按设计孔位压入27、30、31、32、28、29锚杆桩，但不封桩。

第三步，由于该楼南北侧的沉降差最大已达120mm左右，而纠偏的目标是迫使Ⓔ轴、Ⓕ轴条形基础下沉70～80mm，使南北侧的沉降差减少到30mm左右，以满足规范要求。为此，先在北侧基础中按设计孔位钻斜孔取土，利用软土侧向变形的特点，造成地基侧向应力解除，加快北侧基础的下沉，从而调整建筑物的沉降差异。该楼北侧掏土共进行了3次，掏土时间为44d。其中第一次为1999年2月6日至2月11日，历时6d；第二次为1999年3月24日至4月14日，历时21d；第三次为1999年4月21日至5月7日，历时17d。共计完成掏土孔49个，其中该楼西面为5个，北侧44个，孔

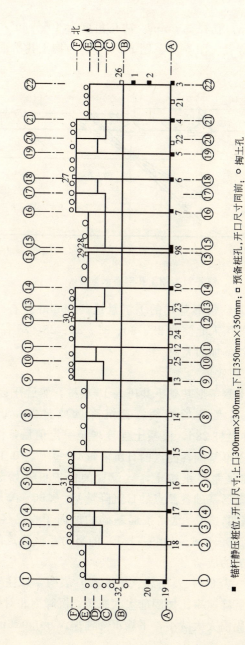

图 6-20 锚杆桩基础加固及掏土孔平面图

深10.0~12.0m，孔径300mm，钻孔角度为40°~60°，采用地质岩芯钻机打孔，图6-20、图6-21分别为掏土孔平面布置图及剖面示意图。

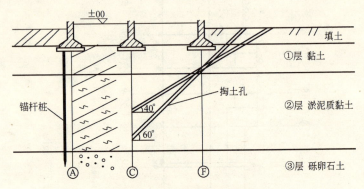

图6-21 掏土孔剖面示意图

当Ⓔ轴、Ⓕ轴条形基础的下沉量达到50mm左右时，应停止掏土，立即压入北侧的27、30、31、32、28、29保护桩，并立即封桩，纠偏加固完成。

3) 工程处理效果

在该楼的南侧条形基础下共压入13根桩，然后开始掏土。前两周的日沉降量开始趋缓，日沉降量减至$V=0.20$~0.33mm/d。在封桩28d，混凝土强度增至一定值后，沉降基本稳定，南侧条形基础各测点的日沉降量$V=0.00$~0.17mm/d。同时在基础北侧停止掏土，且设置的保护桩开始起作用后，这时北侧条形基础各测点的日沉降量$V=0.00$~0.15mm/d。沉降情况表明，南、北侧条形基础的加固工程已经见效。经过9个月（1999.2.6~1999.11.1）的努力，该建筑的加固纠偏取得了圆满的成功。

沉降数据（表6-9）及曲线（图6-22）表明，该住宅楼经纠偏加固后，沉降速率比加固前大大减缓，沉降南北对应测点的沉降差比加固前大大减小，平均沉降速率$V=0.026\text{mm/d}$，

加固前后的倾斜对比表　　　　　　表 6-9

沉降数据	加固纠偏前	加固纠偏后	规范标准
平均沉降 s(mm)	348.5	402.4	规 范 (GB 5007—2001)局部最大倾斜值≤0.3%
南侧平均沉降 s_S(mm)	394.8	420.3	
北侧平均沉降 s_N(mm)	302.3	402.2	
南北向平均倾斜 K_{NS}	1.0%	0.20%	
平均沉降速率 v(mm/d)	1.66	0.026	标准(JGJ 125—99)危房标准最大倾斜值≤0.7%
南侧平均沉降速率 v_S(mm/d)	1.88	0.08	
北侧平均沉降速率 v_N(mm/d)	1.44	0.07	
南北向最大倾斜 K_{NSmax}	1.1%	0.28%	

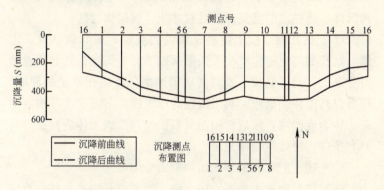

图 6-22　纠偏前后沉降量展开图

已经趋于稳定，说明基础的托换加固达到了目的。同时，根据南北向平均倾斜 $K_{NS}=0.20\%<0.7\%$（规范 JGJ 125—99 标准），说明该建筑已达到纠偏的验收标准。加固前有一些窗口的顶部和底部出现的斜裂缝未再扩展，这说明业已裂损的结构已经相对稳定在合理范围内。

4）总结

（A）锚杆静压桩压入前，必须严格检查接头是否平整、完好，压入前需对不合要求的接头修补好，并有足够的养护时间，压桩最后深度按标高控制，即末节桩顶应略低于基础底面

50～100mm。锚杆的布置、构造及施工连结和桩帽的封顶应符合锚杆静压桩技术规程的要求。

(B) 必须做好沉降观测工作并及时分析,用以指导纠偏和信息化施工,自始至终严格控制沉降的速度,任何测点的沉降速率都不得超过 $V=2mm/d$。一旦发现沉降的速度过快或反常,必须立即查明原因,采取果断措施控制沉降的速度,调整各点的沉降速率。

(C) 建筑物的合理回倾速率应<4mm/d,并在纠偏掏土过程中切实贯彻均匀、缓慢、平移的原则。纠偏工作一定要遵循由浅到深、由小到大、由稀到密的原则,须经沉降、稳定、再沉降、再稳定的反复调整过程才能达到纠偏目的。

(D) 钻孔掏土校正倾斜是纠偏的关键,须非常认真、谨慎。钻孔的掏土部位应位于条形基础下方,掏土钻孔必须遵循对称取土、天天监测、及时高速的原则。在钻孔取土的同时,可辅以高压冲刷措施,利用旋转高压水柱在一定深度范围内切割土体形成泥浆,然后再用泥浆泵抽出,造成土体侧向变形的有利条件,使建筑物按预定方向复位。

(2) 掏土法在房屋纠倾加固中的应用[19]

建筑物基础过大的不均匀沉降、倾斜或开裂等事故在软弱地基上时有发生,加固整治时应根据事故的性质、工程地质和水文地质条件、施工技术水平和环境因素等综合考虑,确定一套技术上安全可靠、经济合理和施工简便可行的加固方案。

建筑物由于不均匀沉降发生倾斜的扶正技术即纠倾加固,大致可以归纳为两大类,即迫降纠倾和顶升纠倾。迫降纠倾即在沉降量较小的基础一侧加载或基础下取土,通过施加局部的附加荷载强制沉降较小的基础一侧产生附加沉降,以达到局部调整或控制不均匀沉降的发生和发展;顶升纠倾即在沉降较大的基础一侧,用千斤顶顶升或者用压密灌浆、锚杆静压桩把沉降较大一侧的基础抬高,以达到扶正建筑物的目的。掏土纠倾加固是指掏（抽）土（砂）、钻孔取土、穿孔取土纠倾等方法的技术总称，属迫降纠倾，在国内已有30多年的应用历史。本例所提及的掏土纠倾，即掏挖基础下的砂垫层，利用房屋本身的自重使其复位的方法。

1）工程简况

重庆市黔江地区某住宅楼为四层砖混结构，长15.8m，宽9.3m，于1997年8月因房屋倾斜而停止施工。该房屋基础为纵横向的C20钢筋混凝土条形基础，埋深2.30m，基础底宽为1425mm、1600mm、1400mm和2325mm。该房屋整体性较好（暗框架、逐层圈梁），墙体为180mm厚空心砖，楼梯间及连梁均为现浇构件，其余为预制构件，至本次纠倾前，房屋顷斜已基本稳定。经观测，该房屋倾斜率为7.2‰～9.4‰，按《危险房屋鉴定标准》第4.3.4条第6款的规定，这些数据均＞7‰，即砌体结构构件为危险点，应进行纠倾加固。该房屋场地位于阶地堆积物上，其地质条件见表6-10。

场地的土层划分表　　　　　　表6-10

序号	岩性	地层代号	分层厚度(m)	地　质　特　征
①	杂填土	Q_4^{ml}	0.50	黑色，少量生活垃圾、瓦块等组成，结构松散
②	碎石土	Q_4^{al}	5.50	灰、灰黑色黏性土夹卵石、块石，结构中密，湿
③	砂卵石土	Q_4^{al}	3.00	灰白色中砂、卵石组成，结构松散，湿
④	泥岩	J_1Z		紫色，泥质结构，层状构造

注：基础持力层为碎石土。

2）加固方案

本次纠倾加固设计以可控纠倾为设计的主导思想。

（A）探槽布置。在①轴线Ⓐ～Ⓑ、Ⓑ～Ⓒ、Ⓒ～Ⓓ、Ⓓ～Ⓔ地段中部、Ⓔ轴线①～②地段中部和Ⓐ轴线①～②地段中部，距基础中心线1.0m位置沿上述基础轴线两侧布置探槽（图6-23），探槽的宽度900mm，深度为2300mm，即基础底部标高的位置。

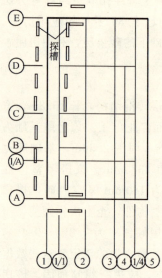
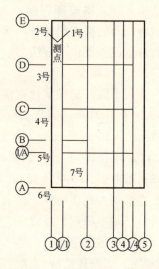

图 6-23 探槽布置图　　图 6-24 沉降观测点平面布置图

(B) 探槽开挖。开挖探槽的原则是由倾斜率低的地段开始往倾斜率高的地段推进。即由Ⓐ轴线①~②地段往①轴线Ⓐ~Ⓔ地段至Ⓔ轴线①~②地段。

(C) 探槽支护。探槽在开挖过程中可采用木板、砖护壁及 C15 混凝土等措施进行支护,以保证开挖的顺利进行。

(D) 掏土。当上述各地段均开挖至基础底部标高时,可进行掏土。掏土时,需由条形基础底面两侧向内挖进,用砂钩和钢管(钢钎)平插。每次要均匀,必须注意基础底板的底面不能完全架空或掏成一个孔洞,以防基础因应力集中而过量沉降导致开裂甚至破坏。同时,还应注意保持各轴线基础按线性比例平稳下沉,尽量避免由于地基反力不均匀而使整个结构产生过大弯矩或扭矩。

3) 监测

在房屋的纠倾加固过程中,必须进行现场监测,根据监测资料指导施工进程，以确保施工期间的安全和工程质量。如果在纠倾加固过程中出现异常情况，应及时调整施工方法、控制沉降速率，甚至修改、完善纠倾加固方案。

施工前、施工中和竣工后，应采用以下方法对房屋的沉降进行监测。

（A）在建筑物的四角及Ⓑ轴、Ⓒ轴线交点处挂垂球，观测倾斜数值。

（B）用水准仪在建筑外墙（①轴线位置）上侧设一水平线，作为掏土前的基准线，用于控制纠倾时的水平变化。

（C）在底层外墙（①轴线位置）外侧设辅助水平测量的连通管，用水准仪随时监测沉降，沉降观测点的平面布置如图 6-24 所示。

（D）监测次数的控制。纠倾加固前，观测 1 次。施工期间，每天观测 3 次，即上午开工前、下午开工前和下午收工时进行观测。竣工后观测 6 个月，第一个月的第一周和第二周每天观测 1 次，第三周和第四周每 2 天观测 1 次；第二个月每 7 天观测 1 次；第三个月第 10 天观测 1 次；以后每 15 天观测 1 次。

4）控制标准

（A）纠倾过程中的沉降速率应控制在 5~7mm/d 以内。

（B）纠倾加固应同时满足以下条件时才可终止施工。

① 基础的沉降应满足《建筑地基基础设计规范》（GB 50007—2002）中，关于建筑物的地基变形允许值的规定，即基础的倾斜（基础倾斜方向两端点的沉降差与其距离的比值）不超过 0.004。

② 砌体墙的倾斜率应满足《危险房屋鉴定标准》（JGJ 125—99）第 4.3.4 条第 6 款的规定，即砌体墙的倾斜率不超过 7‰。

5）加固程序

掏土纠倾加固的一般工作程序如图 6-25 所示。

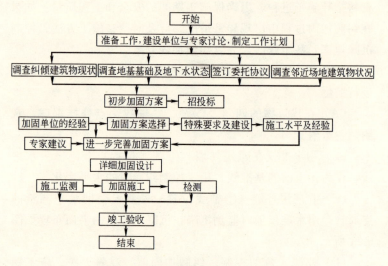

图 6-25 掏土纠倾加固的工作程序

6) 加固效果

(A) 沉降监测。共布设监测点 7 个。纠倾加固过程的沉降速度一般为 5mm/d,其中①轴与Ⓐ轴线交点处监测的沉降最大值为 8mm/d,各测点沉降均匀,最大沉降约 80mm。

(B) 倾斜监测。共布设监测点 6 处。在纠倾加固竣工后半年时,倾斜率均<5‰,基础的倾斜<0.004,沉降曲线如图 6-26 所示。

(C) 加固工期为 52d,加固造价为 37000 元。

7) 纠倾加固中几个问题的讨论

(A) 应准确查清基础变形的原因。应认真查阅原设计图纸(含交底纪要和设计技术变更通知单)、工程地质勘察报告和施工竣工技术资料,并深入了解施工中的实际情况。必要时做补充勘察,彻底查明地基土质及基础状况,找出基础变形的准确原因,为正确选择处理方案提供可靠依据。

(B) 提出纠倾加固方案。根据场地地质条件、建筑结构

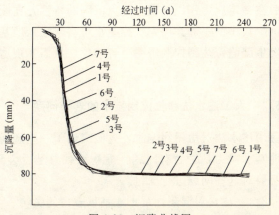

图 6-26 沉降曲线图

情况进行纠倾加固的可行性论证。根据倾斜原因和沉降观测资料推测再度倾斜的可能性，确定地基加固的必要性，提出多套纠倾加固方案。所谓的大型击实试验只是相对于标准击实试验而言的。大型击实试验不只是为了找到某一个粒径尺度的碎石土的击实问题，更重要的是找出大粒径碎石土与小粒径碎石土在击实试验中的规律，从而用比较小规模的击实试验推算大粒径碎石土的击实结果，这方面的研究还有待完善。

（C）击实功的大小与最大干密度及最佳含水量有关。大粒径碎石土的击实功是否存在一个"经济击实功"，它与小粒径土的"经济击实功"有何异同，如果能确定其关系，对大量的填土工程必有指导意义，经济价值很大。

6.5 湿陷性黄土地基上人工注水法移位控制技术

6.5.1 人工注水法移位控制技术基本原理

人工注水法移位控制技术的基本原理是利用湿陷性黄土地

基遇水后在一定压力作用下发生较大沉陷的特性，在倾斜房屋的基础沉降较小的一侧，用人工控制水量将水注入地基内，迫使基础发生湿陷，达到控制房屋竖直移位，从而实现房屋纠偏的目的[20]。

6.5.2 人工注水法移位控制技术的若干问题

在应用注水法对房屋纠偏时，人们提出了一些疑问，诸如注水后地基承载力是否会有问题，桩基承载力是否会降低等，为此有必要对这些问题进行探讨。

6.5.2.1 注水对湿陷性黄土地基承载力的影响

应用注水法时，由于地基内大量注水，使湿陷性黄土地基中的含水量增加，因而造成地基承载力降低，并可能引起一系列涉及结构安全的问题，由此可能对注水法的有效性产生怀疑。

有关文献表明，我国的湿陷性黄土，其颗粒组成以粉粒为主，粉粒含量可达60%以上，因此其透水性较一般黏性土强。

根据相关试验，湿陷性黄土渗透系数波动范围很大，一般情况其值随时间而变化，当水在黄土中开始渗入时，渗透系数较大，但随时间的增长，其值显著降低，10d后的值约为开始值的1/9。说明水在湿陷性黄土内开始时渗透很快，能够迅速排至他处，与一般黏性土的排水性能有显著差别。

兰州有色金属建筑研究所进行的湿陷性黄土地基的预浸水试验证明，在地基刚结束浸水时含水量高达37%～38%，经一个月后降为22%～27%，半年后降为16%～24%，一年后降为14%～21%。表明浸水后地基的含水量随时间的增长而逐渐降低。

规范规定新近堆积黄土与晚更新世Q_3、全新世Q_3^4土的承载力与含水量有关，含水量大时其抗剪强度减少，承载力也将降低。但这是天然状态下黄土的承载力，由于注水湿陷使土层产生压密作用，因而在相同含水量情况下，天然状态黄土的承载力应比湿陷压密后的黄土承载力低。应用注水法时，在房屋纠偏过程中，采取严格控制沉降量的措施，防止地基发生突陷的可能性，因而只要能够保证房屋纠偏时地基的安全性，也就可以保证在注水停止后房屋的安全性，这已在某些房屋纠偏的实践中得以证实。因此注水法对地基承载力的降低只是暂时的。由于湿陷使土层压密，以及随时间的增长土的含水量逐渐降低后，其承载力还可能比原来有所提高，这也已为试验所证实。但值得注意的是，在采用注水法时应对地基的排水性能做仔细分析，排水不良的地基在纠偏完成后，有必要对地基采取加固措施（如灌注双灰桩等），迅速使土中的含水量下降，提高地基承载力以保证上部结构的安全。排水良好的地基则可以不必采取加固措施。

6.5.2.2 注水对桩基承载力的影响

对桩基房屋采取注水法纠偏时，桩身是否会由于周围土的湿陷产生负摩阻力，从而降低桩在垂直荷载作用下的承载力，此外对注水时消失的桩身局部范围内的桩侧摩阻力是否能够恢复，是一些有待于思考和分析的问题。为此，中国建筑科学研究院地基基础研究所对湿陷性黄土地基上的大直径扩底桩在浸水后进行过试验研究，试验表明浸水后的黄土地基虽然发生了湿陷，使桩身上部侧表面的正摩阻力逐渐消失并出现负摩阻力，但是由于停水后的固结沉降也使下部土层压密，增加了桩下部的侧正摩阻力和端摩阻力，因而浸水后的桩在垂直荷载作用下的承载力与浸水前无显著差别。

根据观察，注水时桩基承台基本与下面土层同时下沉，因此可以判断在此情况下桩身不会产生负摩阻力，此外即使桩身周围的土层在局部范围内的湿陷与桩的下沉量有可能不一致而产生局部负摩阻力，但并不会对垂直荷载作用下的桩承载力有较大影响。这一情况已由注水后对房屋沉降观测结果所证实。

观测表明注水停止后桩基房屋沉降量基本上变化不大。由此可以间接说明桩的承载力无显著变化。随着时间推移，湿陷后的土层中含水量将降低，地基土会进一步固结，因此注水时局部消失的桩侧正摩阻力能够恢复。

6.5.3 人工注水法纠偏的适用范围

（1）倾斜房屋沉降量较小一侧基底以下压缩层范围内的湿陷性黄土层中，含水量<16%，湿陷性系数>0.05时，宜采用人工注水法纠偏；

（2）压缩层范围内湿陷性黄土土层有足够的厚度，以便人工注水后能产生设计所需的纠偏量；

（3）压缩层范围内的湿陷性黄土土层，在整个建筑区域内厚度较均匀，以便控制注水量；

（4）房屋的整体刚度好，以便纠偏过程中整个房屋产生的变形（如刚体转动的变形）。

6.5.4 人工注水法移位控制技术的应用实例[20]

（1）工程概况

秦川（集团）22号住宅楼位于西安东郊韩森寨，东邻万寿路。地裂缝从楼北8m处穿过，楼西约7.5m处有一深9m、高2m的防空洞。1999年10月因地裂缝活动影响，上水管道错断，压力水很快灌满了防空洞并反渗至地面，随即产生严重的湿陷事故。为消除事故影响，对22号住宅楼进行了注水纠偏处理。

该建筑为七层砖混结构，长58.1m，宽9.8m，屋面高20.8m，四个单元各长14.4m，共有16个开间。有三道纵墙，横墙与山墙及单元分隔墙对齐。基础埋深为−2.40m，基础下为2：8灰土垫层，厚度2.50m，基边外放3.00m。采用钢筋混凝土带形基础，设有基础圈梁，基础宽2.00～2.60m，基底压力160kPa。

（2）工程地质条件

原始地形东北高、西南低，相对高差约1.20m。地貌单元为黄土梁地貌。属自重湿陷性黄土场地。场地的工程地质剖面如图6-27所示。

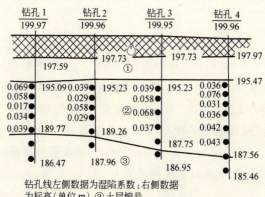

图6-27 工程地质剖面图

1) ①层为地层填土及2∶8灰土垫层。以土为主，含建筑垃圾，厚度1.27～2.38m；2∶8灰土垫层深度4.80～4.90m。②层为黄土。黄褐色，大孔及针状孔隙发育，土质均匀，楼西侧浸水区为软塑-流塑状态，楼东侧为可塑状态。层厚5.30～8.30m，平均厚度6.90m，层底深度10.10～12.40m。③层为古土壤。红褐色，孔隙较发育，含多量白色网丝状钙质，层底多结核，软塑。厚度约5.70m，层底深度15.80～17.80m。④层为黄土。褐黄色，孔隙欠发育，偶见蜗牛壳，可塑。揭露深度20.5m。

2) 地下水场地下潜水埋深为9.42～10.46m。

3) 地基土物理力学指标统计值见表6-11。东侧未浸水区②层黄土的自重湿陷系数为0.035，湿陷系数为0.063。

地基土物理力学指标统计表　　　　表 6-11

地基土分区及层序		w (%)	γ (kN/m³)	γ_d (kN/m³)	d_s	e	S_r (%)	w_P (%)	w_L (%)	I_P	E_s (MPa)
西侧浸水区	②	30.2	17.8	13.7	2.71	0.946	87.0	18.4	31.6	13.2	4.0
	③	29.0	18.5	14.4	2.72	0.851	92.0	18.1	30.9	12.8	6.5
	④	25.2	19.4	15.5	2.71	0.719	95.0	17.2	28.9	11.7	10.2
东侧未浸水区	②	20.9	15.3	12.7	2.71	1.108	49.0	18.2	31.3	13.0	6.0
	③	28.0	18.6	14.5	2.72	0.831	91.0	18.2	31.1	12.9	6.8

注：w—含水量，γ—饱和重度，γ_d—干重度，d_s—相对密度，e—孔隙比，S_r—饱和度，w_P—塑限，w_L—液限，I_P—塑性指数，E_s—压缩模量。

4）黄土的湿陷性及地基土的压缩性自垫层底面算起（因自地表至垫层底为填土），自重湿陷量范围值为 2.58～11.29cm，属自重湿陷性场地，地基湿陷等级为Ⅱ级（中等）。持力层黄土②层浸水前属中等压缩性，浸水后为高压缩性。

5）地基土承载力标准值见表 6-12。

地基土承载力标准值　　　　表 6-12

土层	西侧浸水区		东侧未浸水区	
	②层黄土	③层古土体	②层黄土	③层古土体
承载力标准值(kPa)	100	135	140	135

（3）浸水引起的建筑物变形特征

按图 6-28 位置设置沉降观测点。观测结果为，东纵墙由北向南分别为第 2、4、12 间，倾斜值范围为 0.0042～0.005。西纵墙由北向南分别为第 1、2、4 间，倾斜值范围为 0.0044～0.0088。横向沉降差平均值 120mm，倾斜值范围 0.0106～0.0136，详见表 6-13。

（4）注水纠偏设计

1）根据场地黄土湿陷性评价，分析注水纠偏的可行性。由计算可知，要基本达到扶正纠偏，最大沉降量约需 200mm 左右，这只是总湿陷量 191～448mm 的下限值。再从图 6-27

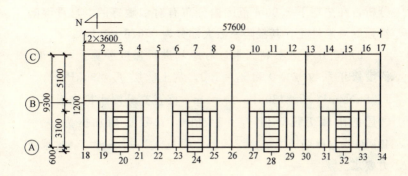

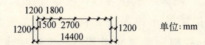

图 6-28 沉降观测点布置图

倾 斜 值 范 围 表 6-13

测点	高程(m)		沉降差(mm)	倾斜
1-18	201.267	201.163	104	0.0106
2-19	201.253	201.131	122	0.0124
3-20	201.238	201.111	127	0.0132
4-21	201.224	201.105	119	0.0121
5-22	201.206	201.099	117	0.0119
6-23	201.200	201.079	121	0.0123
7-24	201.186	201.068	118	0.0115
8-25	201.180	201.054	126	0.0126
9-26	201.167	201.041	126	0.0128
10-27	201.162	201.033	129	0.0134
11-28	201.161	201.027	134	0.0136
12-29	201.154	201.022	132	0.0134
13-30	201.139	201.017	122	0.0124
14-31	201.138	201.017	121	0.0124
15-32	201.128	201.017	111	0.0113
16-33	201.125	201.018	107	0.0110
17-34	201.125	201.019	106	0.0108

分析，在垫层下 2.00m 范围内分布有对水敏感的、自重湿陷性强的湿陷性土，其湿陷系数大部分为 0.076～0.141。

2) 充分考虑不利因素，对地基进行强度验算。取宽度、深度修正系数 $\eta_b=0$ 和 $\eta_d=1.0$，黄土②层 $f_k=90\text{kPa}$，$\gamma=17.8\text{kN/m}^3$，$P=160\text{kPa}$，$b=2\text{m}$，修正充分浸水饱和后黄土②层的承载力设计值 $f_z=148\text{kPa}$，垫层底附加压力 $p_0=48\text{kPa}$，土自重压力 $p_{cz}=85\text{kPa}$。可见 $f_z>p_0+p_{cz}$，满足承载力要求。

3) 确保注水均匀，合理布置注水管。如图 6-29 所示，沿灰土垫层的东边界由北向南均匀布置注水井 36 个，间距为 1.80m；根据需要每井设 2～3 根注水管，分别为 A 管（长 6m）、B 管（长 11m）、C 管（长 16m）。A 管为促使东纵墙下沉，B 管为促使中隔墙下沉，C 管只在 1～12 井设置，主要为促使北单元西侧地基下沉。根据 A、B、C 三个注水管的不同区段功能，在不同部位打孔，可随时调整注水部位及注水量，保证均匀注水。供水管分一、二、三级分管，均设注水阀门及水表，实现注水的可控性。

4) 根据变形特点，制定注水步骤。先东北角，后西北角，

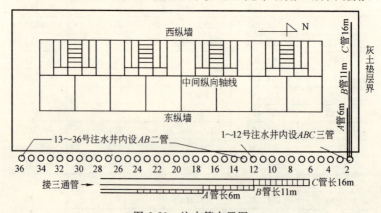

图 6-29 注水管布置图

然后全面注水;大量注水产生较大沉降后暂缓注水,待沉降值趋小后,再减量持续注水;注水工作应在东西两侧墙沉降差值接近或进入规范允许值后终止。

5)严格实施全程测量监控。要求设专人每天定时观测一次,并分析观测结果,制定对策。此外,对注水设备安装、墙体裂缝观察也都提出设计要求。

(5)注水纠偏效果

东纵墙纠偏前南北差异沉降为142mm,总体倾斜为0.0024,停水后总体倾斜为0.0009,详见表6-14。西纵墙纠偏前南北差异沉降为144mm,总体倾斜为0.0025,停水后总体倾斜为0.0009,见表6-15。建筑物横向纠偏前原差异沉降平均值120mm,停水后沉降差平均值29mm,见表6-16。该建筑物注水纠偏的总体效果如图6-30所示。

东纵墙原变形及纠偏效果比较表　　表6-14

测点	高程(m)		沉降差(mm)		倾斜	
	原	停水	原	停水	原	停水
1	201.267	201.065	14	9	0.0039	0.0025
2	201.253	201.056	15	3	0.0042	0.0011
3	201.238	201.053	14	13	0.0039	0.0036
4	201.224	201.045	18	11	0.0050	0.0030
5	201.206	201.034	6	2	0.0017	0.0006
6	201.200	201.032	14	10	0.0039	0.0028
7	201.186	201.022	6	2	0.0017	0.0006
8	201.180	201.020	13	6	0.0036	0.0017
9	201.167	201.014	5	2	0.0014	0.0006
10	201.162	201.012	1	6	0.0008	0.0025
11	201.161	201.006	7	3	0.0019	0.0008
12	201.154	201.004	15	2	0.0042	0.0025
13	201.139	200.996	1	3	0.0003	0.0008
14	201.138	200.999	10	1	0.0028	0.0003
15	201.128	200.998	3	11	0.0008	0.0030
16	201.125	201.009	0	3	0.0000	0.0008
17	201.125	201.012				

西纵墙原变形及纠偏效果比较表　　　　表 6-15

测点	高程(m)		沉降差(mm)		倾斜	
	原	停水	原	停水	原	停水
18	201.163	201.038	32	10	0.0088	0.0031
19	201.131	201.028	20	9	0.0056	0.0030
20	201.111	201.019	6	3	0.0017	0.0008
21	201.105	201.016	16	2	0.0044	0.0033
22	201.089	201.014	10	7	0.0028	0.0019
23	201.079	201.007	11	8	0.0031	0.0020
24	201.068	200.999	14	11	0.0039	0.0030
25	201.054	200.988	13	3	0.0036	0.0008
26	201.041	200.985	8	7	0.0022	0.0019
27	201.033	200.978	6	1	0.0017	0.0003
28	201.027	200.979	5	3	0.0014	0.0008
29	201.022	200.976	5	6	0.0014	0.0017
30	201.017	200.970	0	3		0.0008
31	201.017	200.973	0	5		0.0014
32	201.017	200.978	1	5	0.0003	0.0014
33	201.018	200.983	1	5	0.0003	0.0014
34	201.019	200.988				

横向原变形及纠偏效果比较表　　　　表 6-16

测点	原				停水			
	高程(m)		沉降差(mm)	倾斜	高程(m)		沉降差(mm)	倾斜
1-18	201.267	201.163	104	0.0106	201.065	201.038	27	0.0027
2-19	201.253	201.131	122	0.0124	201.056	201.028	28	0.0028
3-20	201.238	201.111	127	0.0129	201.053	201.019	34	0.0034
4-21	201.224	201.105	119	0.0121	201.045	201.016	29	0.0029
5-22	201.206	201.089	117	0.0119	201.034	201.014	20	0.0020
6-23	201.200	201.079	121	0.0124	201.032	201.001	31	0.0031
7-24	201.186	201.068	118	0.0119	201.022	200.999	23	0.0023
8-25	201.180	201.054	126	0.0128	201.020	200.988	32	0.003
9-26	201.167	201.041	126	0.0128	201.014	200.980	34	0.0034
10-27	201.162	201.033	129	0.0132	201.012	200.978	34	0.0028
11-28	201.161	201.027	134	0.0137	201.006	200.979	27	0.0034
12-29	201.154	201.022	132	0.0135	201.004	200.976	28	0.0028
13-30	201.139	201.017	122	0.0124	200.996	200.970	34	0.0018
14-31	201.138	201.017	121	0.0124	200.999	200.973	28	0.0026
15-32	201.128	201.017	111	0.0113	200.998	200.978	18	0.0024
16-33	201.125	201.018	107	0.0109	201.009	200.983	26	
17-34	201.125	201.019	106	0.0107	201.012	200.988	24	

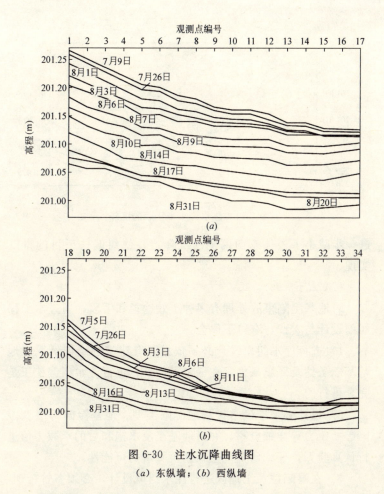

图 6-30 注水沉降曲线图
(a) 东纵墙；(b) 西纵墙

(6) 注水纠偏时效影响

停止注水以后，对地基下沉情况继续进行监测，监测情况表明经过半年以后沉降已基本趋于稳定，图 6-31 为注水停止半年后的沉降变化图。2003 年 2 月 27 日的测量结果显示，湿陷事故发生前，原来未浸水区（楼东侧）由于注水后湿陷及压缩固结的双重作用，下沉量平均值约 15mm 左右，而在 3 年多以前的浸水区（楼西侧）继续下沉量平均值只有 5mm 左右，

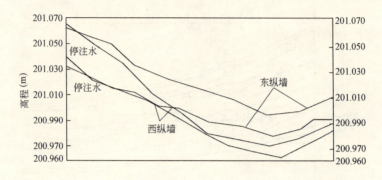

图 6-31 注水停止半年后的沉降

进一步减小了楼体东西两侧的沉降差并使纠偏扶正目的得以实现。

(7) 结论

对地基湿陷事故处理有多种有效途径和手段，通过本工程纠偏设计与实践，有以下体会：

1) 进行注水纠偏设计必须依据既有建筑的结构情况、地基基础条件及环境条件，在一定条件下，进行注水纠偏扶正是完全可行的。

2) 设计必须准确掌握场地湿陷类型、地基湿陷等级及湿陷起始压力等详细资料，并对地基土浸水饱和后的承载力值进行认真验算，仔细研究产生预期沉降量的可能性。

3) 在湿陷性黄土地区进行注水纠偏设计，必须布管合理，实现注水可控制性。

4) 在实施注水过程中，要依据既有的变形特点合理排出注水步骤，使结构应力集中现象得以缓解。

5) 停止注水时，要预留合理的继续下沉量，使最终沉降结果更接近目标值。

6) 要加强注水全过程的测量监控工作，做到动态管理，把握全局。

6.6 综合法移位控制技术

6.6.1 综合法移位控制技术概述

由于各种建（构）筑物发生移位的原因是多样而复杂的，为了达到较好的移位控制效果，在有些工程中往往需要采用多种手段和方法进行移位控制，这种情况称为移位控制综合法[21~24]。

6.6.2 综合法移位控制技术的应用[21]

（1）工程概况

某综合楼为九层框架结构，建筑物平面如图 6-32 所示，总建筑面积 3400m²。根据工程地质勘察报告，该场地地基土层自上而下分为四层。表层填土厚 2m；第二层粉质黏土，厚 5m，承载力标准值 $f_k=110$kPa；第三层新近沉积黏性土，厚 22m，承载力标准值 $f_k=80$kPa；第四层砾石，未钻穿。设计采用 700mm 厚筏板基础，表层土开挖 2.0m 后，垫 50cm 厚碎

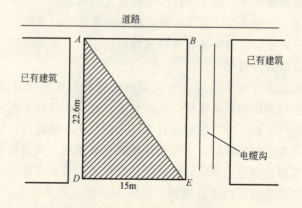

图 6-32 建筑物平面示意图

石碾压，基底埋深 1.5m。施工从 1995 年 3 月开始，施工单位发现明显不均匀沉降后，即开始进行沉降观测，至结构封顶时，最大沉降点 D 已沉降 336mm，点 B 沉降 137mm，倾斜率已达 8‰ 以上，且施工停止时，沉降速率仍为 0.2mm/d，未见收敛趋势。为防止沉降继续发展，保证该建筑物及邻近建筑物的安全，必须对该建筑物进行加固与纠偏。

(2) 加固方案及实施

由于建筑物建在深厚软土地基上，持力层和下卧层承载力均不足，建筑物荷载影响深度大，软弱下卧层沉降值较大。又由于荷载偏心造成建筑物产生较大沉降并发生严重倾斜。在施工过程中，部分填充墙材料由空心砖换成红砖，导致基础底板接触压力分布严重不均匀，由于上部结构及基础刚度较大，因此建筑物发生倾斜而未开裂。发现倾斜后，未采取有效措施，结构继续施工进一步加大了接触压力较大的部分区域的地基沉降，使荷载偏心距增大，导致差异沉降继续加大，从而使建筑物产生严重倾斜而被迫停工。鉴于建筑物沉降仍在持续，在考虑加固方案时，确定了首先迅速控制 D 点沉降，尽快对建筑物地基进行加固的原则，同时兼顾到加固后的地基不会对下一步纠偏带来困难。由于锚杆静压桩施工机具简单，施工作业面小，施工方便灵活，技术可靠，施工时无振动、无噪声、无污染，且对原有建筑物或相邻建筑物影响小，是加固托换工程中快速有效的方法之一。

经过多种方案比较，决定采用锚杆静压桩对地基进行加固。锚杆静压桩技术属桩式托换技术。首先在基础中埋设锚杆和开凿压桩孔，将压桩架通过锚杆与建筑物基础连接，利用建筑物自重作为压桩反力，用千斤顶将钢筋混凝土预制桩分段压入地基中，直至达到设计桩长或达到要求的单桩承载力。压桩完成后在压桩孔内进行封桩，使压入的桩与原基础可靠连接，以达到承担建筑物部分荷载，加固地基的目的。由于锚杆静压桩是补强措施，桩与土的荷载分担比不明确，又由于其主要目的是控制沉降，必须保证筏基下天然地基与锚杆桩的共同作用。为此采取了两项措施，一是将锚杆静压桩设计成以摩阻力为主的端承摩擦桩，桩端持力层不选在砾石层，而选在第三层黏性土底部强度稍高的区段，使桩能发生一定的沉降，避免荷载向桩集中造成桩身破坏；二是如按常规方法将已压入的桩与筏基进行牢固连接，则下一步纠偏过程中，已压入的桩将发生纠偏阻力，桩身受弯，十分不利。因此采用了锚杆静压桩与筏基"软"连接的新办法。即将锚杆静压桩桩顶与筏基底面设置一层 100mm 厚的砂层，然后用混凝土封堵筏基上的压桩孔，使桩仅承受筏基传来的竖向荷载而不制约筏基在纠偏过程中的转动。在上述原则指导下，共设计了锚杆静压桩 51 根，桩截面尺寸为 250mm×250mm，桩长 22m，布桩区域为图 6-32 中的 ADC 阴影区域，且压桩孔尽量对称布置于框架柱周围。预计压桩力 500kN，单桩承载力设计值 250kN 左右。原基础板厚 700mm，基础混凝土强度等级为 C25，对基础进行的抗冲切、抗剪切和抗弯承载力验算均满足要求。确定压桩数量时留有余地，施工采用信息法，最后确定实际压入的桩数。

锚杆静压桩施工前，先挖除加固区基底以上 50cm 厚覆土，卸除基础上土重约 300t。然后按设计要求定出压桩孔位，并在基础上凿出压桩孔和锚杆孔。由于底板太厚，人工凿孔难度极大，因此采用钻机成孔，成孔直径 300mm。凿孔完成，且锚杆埋设好后，锚杆静压桩施工自 1996 年 6 月开始，分批压桩，分批封桩。压桩结束后，D 点沉降迅速减小，趋于稳定。

(3) 综合纠偏

锚杆静压桩施工后，D 点沉降虽然趋于稳定，但由于 D 点总沉降量很大，而 B 点总沉降量很小，建筑物倾斜仍然十分严重。为保证建筑物安全使用，必须促使 B 点产生沉降，减小建筑物倾斜，达到纠偏的目的。由于建筑物两侧紧邻其他建筑物和电缆沟，一侧紧邻马路，为减小对周围环境的影响，掏土纠偏没有被作为首选措施。由于建筑物基础刚度较好，首先考虑基础加压纠偏方案，除在沉降较小部分区域的基础上直接堆放预制桩加压外，为进一步增强加载效果，在建筑物每一层楼面上将可移动的重物全部移到沉降较小的一侧。由于场地有限，所堆载总量不大，促沉效果不明显，此阶段 B 点仅沉降 5mm。于是考虑同时进行射水纠偏法，由于地基土为填土和黏性土，射水可扰动其结构性而使其强度降低，发生附加沉降。射水采用 15MPa 的压力泥浆泵，通过软管与直径为 25mm 钢管连接，钢管上钻有小孔，将钢管斜向打入地基土中预定深度，然后将水射入孔中，扰动土体以达到纠偏的目的。在加载法和射水法同时进行的一个月时间内，B 点沉降 31mm，效果较明显。但在此阶段内，B 点沉降速率呈减慢的趋势。为促使 B 点尽快下沉，决定同时采用掏土法，考虑到地基土非流塑状软土，所以没有采用在基础外侧竖直向掏土的办法，而是直接在基础下地基土中用人工洛阳铲在水平方向掏土。同时，结合射水法，在掏土过程中，土颗粒被水流带走。综合应用这三种方法，又经过一个多月的促沉纠偏，使得 B 点沉降量又增加了 69mm，这样采取纠偏措施后，B 点沉降量由原来的 137mm 增加到 242mm，纠偏效果明显。考虑到 B 点可能发生后期沉降，故纠偏可终止，在掏空的地基与基础的空隙间用粗砂回填，使 B 点不产生过大沉降。

（4）纠偏及加固效果

该建筑物在 1996 年 6 月以前，沉降速率为 0.2mm/d，最大沉降量为 336mm，最大倾斜率为 8‰。1996 年 6 月以后，在锚杆静压桩施工完成后，D 点沉降基本稳定，沉降速率为 0.06mm/d。在综合应用加载法、射水法和掏土法进行综合纠偏的过程中，B 点沉降明显增大，建筑物倾斜率明显减小。至

1996年11月，B点总沉降量达242mm，最大倾斜率为4.07‰（AD方向），其余三个方向（AB向、BC向、CD向）的倾斜率分别为2.33‰、3.6‰、3‰。到1997年，建筑物施工全部完成，荷载已全部加完，沉降速率为0.03mm/d，建筑物最大倾斜率已<4‰，满足纠偏工程验收标准。

参考文献

[1] 龚晓南主编. 地基处理新技术. 西安：陕西科学技术出版社，1997
[2] 刘亚莲，梁志松. 建筑物倾斜原因分析和纠偏措施探讨. 四川建筑科学研究. 2002. 28（3）：32～33
[3] 孙钧等. 城市环境土工学. 上海：上海科学技术出版社，2005
[4] 冯旭海. 压密注浆作用机理与顶升效应关系的研究：[学位论文]. 北京：煤炭科学研究总院. 2003
[5] 李向红. CCG注浆的理论研究和应用研究. 博士后出站报告，上海：2002
[6] 李向红，傅德明. CCG注浆试验研究. 工业建筑. 2003. 11
[7] Warner J. Compaction Grouting-The First Thirty Years, ASCE Specialty Conference on Grouting in Geotechnical Engineering, 1982, New Orleans, Louisiana, pp. 694～707
[8] Baker WH., Cording, E. J., and Macpherson, H. H. Compaction Grouting to Control Ground Movement During Tunneling, Underground Space, 1983, Permagon Press Ltd. 205～212
[9] 程骁，张凤祥主编. 土建注浆施工与效果检测. 上海：同济大学出版社，1998
[10] Al-Alusi H R. Compaction grouting: from practice to theory. In: Proceedings of Grouting: Compaction, Remediation and Testing [C]. Logan Utah., USA: CIGMAT, 1997, 43～53
[11] Samson W Bandimcre. Compaction Grouting state of the practice 1997. In: Proceedings of Grouting: Compaction, Remediation and

Testing [C]. Logan Utah, USA: CIGMAT, 1997, 18~31

[12] 叶书麟，叶观宝主编. 地基处理与托换技术. 第 3 版. 北京：中国建筑工业出版社，2005

[13] 陈国政. 桩式托换柱基纠偏与顶升工程实例. 岩土工程学报，1993, 15 (2)

[14] 刘方治. 大型沉井的纠偏. 铁道建筑技术, 2002 (2): 40~41

[15] 葛运广，柳家海. 注浆技术在沉井纠偏中的应用. 江苏煤炭，2003 (2): 50~51

[16] 冶金工业部建筑研究总院主编. 锚杆静压桩技术规程（YBJ 227—91）. 北京：冶金工业出版社，1991

[17] 温晓贵，魏纲，谷丰. 沉井冲水纠偏与锚杆静压桩加固技术. 建筑技术. 2004, 35 (6): 431~432

[18] 鲁绪文，王伍军，杨魁. 压桩掏土法在基础纠偏与托换加固过程中的应用. 常州工业大学学报（自然科学版），2003 (3): 97~100

[19] 雷用. 掏土法在房屋纠倾加固中的应用. 地下空间，2001 (2): 130~133

[20] 方荣轩，尚鹏玉，段武力. 自重湿陷性黄土场地建筑物纠偏设计与实践. 岩土工程学报，2003 (4): 475~478

[21] 郑俊杰，张建平，刘志刚. 软土地基上建筑物加固及综合纠偏. 岩石力学与工程学报，2001, 20 (1): 123~1252

[22] 程晓，郭玉花等编译，现代灌浆技术译文集. 北京：水利水电出版社，1990

[23] 中华人民共和国行业标准. 既有建筑地基基础加固技术规范（JGJ 123—2000）. 北京：中国建筑工业出版社，2000

[24] 张永钧，叶书麟主编. 既有建筑地基基础加固工程实例应用手册. 北京：中国建筑工业出版社，2002